不一样的 数学故事书

顾问 义务教育数学课程标准修订组组长
北京师范大学教授 **曹一鸣**

奇妙数学之旅

探秘古建筑

六年级适用

主编：孙敬彬 禹 芳 王 岚

华 语 教 学 出 版 社

图书在版编目（CIP）数据

奇妙数学之旅. 探秘古建筑 / 孙敬彬, 禹芳, 王岚主编. — 北京：华语教学出版社, 2024.11

（不一样的数学故事书）

ISBN 978-7-5138-2536-8

Ⅰ. ①奇… Ⅱ. ①孙… ②禹… ③王… Ⅲ. ①数学—少儿读物 Ⅳ. ①O1-49

中国国家版本馆CIP数据核字（2023）第257639号

奇妙数学之旅·探秘古建筑

出 版 人	王君校
主　　编	孙敬彬　禹　芳　王　岚
责任编辑	徐　林　邢敏娜
封面设计	曼曼工作室
插　　图	枫芸文化
排版制作	北京名人时代文化传媒中心
出　　版	华语教学出版社
社　　址	北京西城区百万庄大街24号
邮政编码	100037
电　　话	（010）68995871
传　　真	（010）68326333
网　　址	www.sinolingua.com.cn
电子信箱	fxb@sinolingua.com.cn
印　　刷	河北鑫玉鸿程印刷有限公司
经　　销	全国新华书店
开　　本	16开（710×1000）
字　　数	108（千）　9印张
版　　次	2024年11月第1版第1次印刷
标准书号	ISBN 978-7-5138-2536-8
定　　价	30.00元

（图书如有印刷、装订错误，请与出版社发行部联系调换。联系电话：010-68995871、010-68996820）

《奇妙数学之旅》编委会

写给孩子的话

学好数学对于学生而言有多方面的重要意义。数学学习是中小学生学生生活、成长过程中的一个重要组成部分。可能对很多人来说，学习数学最主要的动力是希望在中考时有一个好的数学成绩，从而考入重点高中，进而考上理想的大学，最终实现“知识改变命运”的目的。因此为了提高考试成绩的“应试教育”大行其道。数学无用、无趣，甚至被视为升学道路上“拦路虎”的恶名也就在一定范围、某种程度上产生了。

但社会上同样也广为认同数学对发展思维、提升解决问题的能力具有不可替代的作用，是科学、技术、工程、经济、日常生活等领域必不可少的工具。因此，无论是为了升学还是职业发展，学好数学都是一个明智的选择。但要真正实现学好数学这一目标，并不是一件很容易做到的事情。如果一个人对数学不感兴趣，甚至讨厌数学，自然就不会认识到学习数学的好处或价值，以致对数学学习产生负面情绪。适合儿童数学学习心理特点的学习资源的匮乏，在很大程度上是造成上述现象的根源。

为了改变这种情况，可以采取多种措施。《奇妙数学之旅》

这套书从儿童数学学习的心理特点出发，选取小精灵、巫婆、小动物等陪同小朋友一起学数学。通过讲故事的形式，让小朋友在轻松愉快的童话世界中，去理解数学知识，学会数学思考并尝试解决数学问题。在阅读与思考中提高学习数学的兴趣，不知不觉地体验到数学的有趣，轻松愉快地学数学，减少对数学的恐惧和焦虑，从而更加积极主动地学习数学。喜欢听童话故事，是儿童的天性。这套书将数学知识故事化，将数学概念和问题嵌入故事情境中，以此来增强学习的趣味性和实用性，激发小朋友的好奇心和想象力，使他们对数学产生兴趣。当孩子们对故事中的情节感兴趣时，也就愿意去了解和解决故事中的数学问题，进而将抽象的数学概念与自己的日常生活经验联系起来，甚至可以了解到数学是如何在现实世界中产生和应用的。

大中小学数学国家教材建设重点研究基地主任

北京师范大学数学科学学院二级教授

人物名片

最喜欢学数学，数学成绩顶呱呱，平时爱读书，爱思考，大家都夸他聪明又博学。他的爱好也很广泛，这个假期，他对中国的古建筑产生了浓厚的兴趣。

一个胖嘟嘟的男孩儿，脸上总带着憨憨的笑，脾气好，是高小斯最好的朋友。他对数学很感兴趣，但数学成绩不是特别好。他动手能力强，什么东西都想捣鼓一下。

航天研究所制造的仿真机器人。芯片里存储的知识有限，不擅长计算和思考，是助力和服务型机器人。没有任务时会陪高小斯去探索世界，是高小斯的好伙伴。

一个聪明伶俐的女孩儿，性格活泼，心地善良，做事很认真，是高小斯他们外出时认识的新朋友。在高小斯的影响下，对数学也充满了兴趣。

CONTENTS

MATH

故事序幕

前不久，航天研究所的机器人小酷卡搭乘着“天宫号”飞船到太空去执行了一次任务，这可让高小斯和皓天羡慕得不得了。放暑假后，高小斯和皓天专门把小酷卡拉出来，好奇地问这问那。

高小斯探着脑袋问小酷卡：“这次出去做任务，让你印象最深的是什么？”

不知道什么时候，小酷卡竟然学会了卖关子，他看到高小斯和皓天的眼睛里闪着光，特别想知道答案，可他偏偏不说，让他们俩去猜。

高小斯和皓天把能想到的全都说了一遍，小酷卡却不停地摇头。过了好久，他才冒出了一句：“你们说得都不对，这次让我印象最深的是回程时看到的地面上的‘飞碟’。”

“飞碟？”高小斯和皓天差点儿惊掉下巴，“你是说你遇见飞碟了？然后飞碟降落在地球上了？降落在中国了？”

小酷卡听了哈哈大笑，连连摆手说：“我说的其实是长得像‘飞碟’的建筑啦。”

高小斯眨眨眼睛迅速搜索了一下脑子里储存的知识，恍然大悟道：“我知道了，你说的是福建的土楼。福建土楼的顶部有很多是圆形的，从高空看黑乎乎的特别像飞碟，那一片地区还因此被人说疑似外星人的基地呢。”

看着皓天一脸迷茫的样子，高小斯便给他科普起来：“土楼是中国的传统民居，不仅造型美观而且功能齐全，它的构造包含了许多数学知识，特别有意思。”

一听说特别有意思，皓天瞬间就来了精神，而小酷卡也想近距离看一看这些长得像“飞碟”的建筑，于是大家商议着反正暑假也没什么事做，就先到福建的土楼去逛一逛。

刚好高小斯家的“梦想号”飞船空着，小酷卡又是经过飞船驾驶培训有驾驶证的，征得大人们的同意后，小酷卡便驾驶着飞船带着高小斯和皓天出发了。

不过，本来他们只是想去看看福建土楼，没想到，这一出发竟拉开了一场中国古建筑之旅的序幕！

MATH

第一章

初见福建土楼

——圆的认识

高小斯、皓天和小酷卡乘坐着“梦想号”飞船，来到了东南沿海地区，在福建省的上空停了下来。在飞船的下方，有许多造型独特的建筑，它们的顶部多种多样，有的是圆形的，有的是方形的，有的是五角形的，有的是半月形的……

皓天透过飞船的舷窗指着下面兴奋地说：“那些就是土楼吗？从这里看过去，确实有点儿像外星人的基地啊！”

“是啊，你们看，那些圆顶的土楼是不是特别像飞碟？”小酷卡也看着舷窗外笑着说。

“这是福建的永定土楼。”高小斯指着下面的建筑说，“怎么样，有特色吧？不过我也是第一次亲眼看见，这可比我在电脑上看的照片壮观多了。”

“这何止是有特色，简直是世界奇观！”此时此刻，皓天的好奇心达到了顶点，“我们在这里多待几天，好好研究一下这些土楼吧。它们的样子真是太有意思了！”

“正合我意，咱们就在这里停下吧。”高小斯十分赞成，小酷卡也附和着连连点头。

小酷卡在驾驶座上熟练地操作着操纵杆，飞船前行到土楼附近一处比较宽阔的空地上方，然后在一阵气浪中继续向前，缓缓降落。

下了飞船，三个人走近土楼好奇地左看看右看看，感觉两只眼睛都不够用了。在地面上近距离看土楼更令人感到震撼，大家迫不及待地想参观和了解这些造型独特的建筑。

“咱们不能随便进吧？要不要找个人问问？”皓天看着面前紧闭的土楼大门问道。

高小斯抬眼一望，发现不远处有一位老爷爷正坐在一座土楼的大门口抽着烟袋晒太阳。他几步跑过去，礼貌地鞠了一躬说："爷爷，您好！我们是从外省来旅游的，想看看这里的特色建筑。"

看见走过来几个小朋友，老爷爷咧开只剩下几颗牙齿的嘴巴笑着说："你们好啊，几位小客人，欢迎到我们龙岩市来玩！"

“爷爷，你们这里的楼都建得好特别啊，您能给我们介绍一下吗？”皓天凑上去抢着说。

听到这话，老爷爷眼睛一亮，整个人显得更有精神头儿了，连说话的声音都洪亮起来了：“这是我们龙岩市大名鼎鼎的永定土楼。其实在福建省境内，还有很多这样的土楼，比如漳州市的南靖土楼、华安土楼、云霄土楼等，它们统称‘福建土楼’。福建土楼早在宋元时期就有了，一直传承到现在。说起我们的永定土楼那更有特色，它既有苏州园林的风格，也有古希腊建筑的特点，可谓中西合璧呀！”

“太厉害了！那这里一共有多少座土楼啊？看起来可真不少呢！”高小斯抬起头张望了一圈，好奇地问。

老爷爷眯着眼睛自豪地说：“别看我们永定的面积只有两千二百多平方千米，这里却分布着两万多座大小不一的土楼。2008年，以永定客家土楼为主体的福建土楼被正式列入《世界遗产名录》，2010年，永定土楼又获得‘最古老、最多、最大、最高’四项吉尼斯世界纪录，这可是我们永定……不，是整个福建省的骄傲！”

皓天捂着嘴惊讶地感叹道：“哇，这可太了不起了！”

旁边的小酷卡摸了摸脑袋，疑惑地问：“我有个问题想请教一下，为什么要把楼房建成这种形状呢？从天上看好像外星人的基地似的。”

老爷爷摸了摸胡子笑了：“这可就说来话长了。如果你们想了解更多关于土楼的知识，就让我的孙女小雪当你们的向导，带你们逛逛吧。”说完，他转过头冲着土楼里喊道：“小雪，来一下！”

不一会儿，一个看上去和高小斯差不多大的女孩儿跑出来，清脆甜美的声音也随之而来：“爷爷，什么事啊？”

“这几个小朋友想了解我们的土楼，你带他们去看看吧。”老爷爷笑着指了指高小斯几个人，又摸着女孩儿的头说。

小雪抬起手冲对面的三个人大方地打了个招呼：“你们好，我叫小雪。”高小斯、皓天和小酷卡见状，也连忙做起自我介绍，大家说说笑笑地很快就熟络起来。

小雪的眼珠滴溜溜一转，对大家说：“出发之前，我先考考你们，你们知道我们的祖先为什么要把土楼建成**圆形**吗？”

高小斯和皓天互相看了看，一起摇摇头说：“不知道。”小酷卡也捏着下巴说：“这个问题已经困扰我好长时间了。”

小雪想了想，拉着高小斯和小酷卡的手，指挥道：“来，现在我们手拉手围成一个圆。爷爷你也来，不过你的胳膊要放低一些。然后，小酷卡，你去找找这个**圆的圆心**，站到圆心的位置上。”

小酷卡站在小雪她们围成的圆里，一脸迷茫，他左看右看，也不知道圆心在哪里。

高小斯替他着急，皱着眉头说：“我知道，**用圆规画圆时，针尖所在的点就是圆心**，很容易找。但现在这是随意围成的一个圆，要怎么找圆心呢？”

高小斯歪着脑袋努力搜索着自己学过的数学知识，又松开手捡起一根小木棍在地上画了几笔，终于有了思路。只见他观察了一下大家站的位置，画出了两条**相交的线段**，然后让小酷卡站到这两条线段的**交点** O 的位置上。

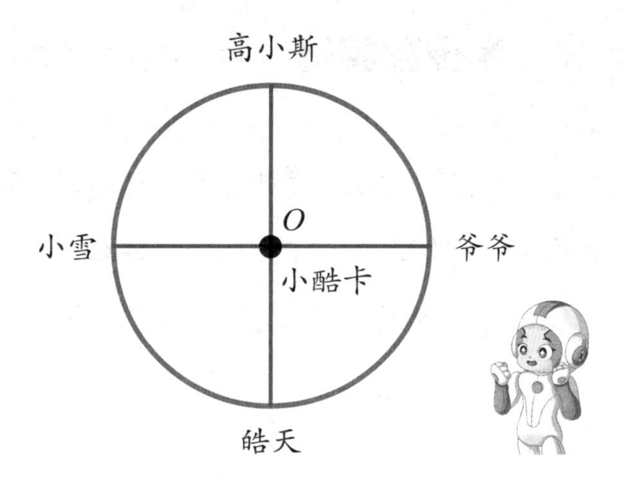

小酷卡前后左右看了看，拍着手说："我发现了一件有趣的事，现在我到你们每个人那里的距离都是一样的。"

这一系列操作让皓天有点儿丈二和尚摸不着头脑，但是他又不愿意让小雪看出来他不懂，于是小声地问高小斯这到底是怎么一回事。

高小斯指着地上的图告诉他："连接圆心和圆上任意一点的线段叫作**半径**，用**字母** r 表示；通过圆心并且两端都在圆上的线段叫作**直径**，用**字母** d 表示。咱们四个人两两相对形成了两条相交的直径，它们相交的点就是**圆心**，用**字母** O 表示。"

"所以，小酷卡现在站的地方就是圆心，从他那里到我们每个人的

距离就是半径，而且**半径都相等**。”听了高小斯的话，皓天才感觉自己的大脑终于转了起来。

小雪笑着一拍巴掌说：“没错！这也是我们选择建造圆形土楼的原因之一。我们客家人的习俗是同一个家族聚集住在一起，而把土楼建成圆形的，可以使每个人的房间到院子最中间的距离都是相等的，这

样所有人围绕着一个圆心，会更像一个大家庭，相互之间更加团结友爱。”

小酷卡听了点点头，感叹道：“原来是这样！”皓天也跟着感叹：“祖先们对圆还真是挺有研究呢！”

“土楼的结构不仅有助于通风和采光，还可以防震、防火。古代打

仗的时候，还能防御敌人进攻呢。”老爷爷打量着这个居住了一辈子的地方，眼睛里有掩饰不住的自豪。接着他又对小雪说：“永定土楼中最知名的是集庆楼，你带他们去那儿看看吧。”

“好！咱们走吧！”小雪带着她的三个新伙伴告别了爷爷，一起向山坡旁的一个最大的圆形建筑走去。

来到集庆楼的大门前，她一边带着大家参观，一边讲解：“集庆楼是我们永定土楼中现存年代最为久远的圆土楼。它建于六百多年前，也就是明朝永乐年间，是由两个环形的楼组成的。走，我带你们进去看看！”

进入集庆楼，抬眼望去，高小斯简直要被眼前的景象惊呆了，禁不住赞叹道：“这哪里是普通的楼，它就是一个大型的木制艺术品呀！”

“你说得没错，集庆楼是客家土楼中结构最独特的一个。”小雪笑着点了点头，“一般的土楼，每一层都是通着的，每个房间的人随时可以相互往来，规模小的土楼有两道楼梯通往高处，规模大的土楼有四道楼梯通往高处。但集庆楼从底层开始，有七十二道楼梯把整座楼分成七十二个独立的区域，每个区域都是用木板隔开，楼内部全用杉木材料构建，用榫头衔接，没用一根铁钉。”

高小斯和皓天一听，倒吸了一口气，连声说：“太了不起了！”

作为一个机器人，小酷卡一时没办法理解这么高深的技术，一脸迷茫，不知道他们都在惊叹什么。皓天告诉他：“你见过我拼的亭子模型吧，那个就是采用了榫卯结构。这座集庆楼，就像一个超级大的榫卯结构拼插模型，你说厉害不厉害？”

小酷卡也震惊了：“这么大的拼插模型，那得拼多久啊？这也太

厉害了！”他这才明白是怎么回事，看来芯片的脑子也有不够用的时候。

皓天从小就喜欢玩拼插模型，并且对榫卯结构非常感兴趣，积累了不少相关的知识。现在，他决定给大家露一手。于是，他指着楼梯底部放着的一个石臼为大家讲解起来：“你们看，石臼里竖着的那根木头上面，凸出来的部分叫‘榫头’，横着的木头前面有一块空的地方，那是‘卯眼’。一个榫头插入一个卯眼中，就可以连接并固定两个构件。”说着，他还拿出了随身携带的平板电脑，打开画图软件，模拟画出了榫头卯眼的示意图。

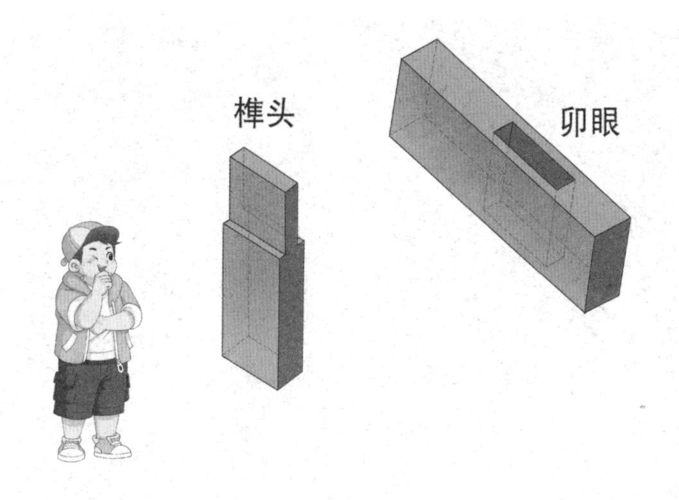

“原来这就是榫卯结构啊！”高小斯和小酷卡又学到了新知识。

“榫卯结构还有很多种，以后看见了我再给你们介绍。”说起这类知识，皓天的眼睛里都闪着星星。

见皓天这么厉害，小雪抛出问题准备考考他："皓天，你这么厉害，那你能算出这座圆形土楼的外圈大圆的直径是多少吗？"

皓天摸了摸脑袋，有点儿不确定地说："这个嘛……没有那么长的尺子，我们把绳子拉起来，然后量一量绳子的长度就行了吧？"

"可是我们该怎样量出它的外圈直径呢？"小酷卡意识到了其中的问题，为难地说，"这里有两圈房屋，天井中间还有房子，绳子穿不过去。我们总不能飞到天上去测量直径吧？"

这时，高小斯脑子里灵光一闪："我们可以量出土楼外圈的**周长**，然后再算**直径**呀。要知道**圆的周长总是直径的3倍多一些**。"

小酷卡立刻从飞船上拿来一根长长的救援绳，递给高小斯和皓天，他们俩就开始沿着土楼的外围墙壁测量起来。这根绳子还是不够长，

圆周率

大约2000年前，我国的数学宝典《周髀算经》就告诉我们一个秘密——"周三径一"，也就是说，圆的周长大约是它直径的3倍。大约1500年前，杰出的数学家祖冲之成了世界上第一个把圆周率的值精确到小数点后7位的人。2021年，瑞士研究人员使用一台超级计算机，历时108天，将圆周率计算到了小数点后62.8万亿位，创下圆周率迄今最精确值记录。

于是他们就测量一段做个记号，然后接着往后测量。

忙活了好久，终于测量完了。高小斯和皓天累得满头大汗。皓天气喘吁吁地感叹道："我们只是测量了一下周长就这么累，古时候的人们建造土楼时，是多么不容易啊！"

小酷卡走过去问他们："这根绳子长 5 米，刚刚你们量了多少次？"

"41 次，然后再加上大约 0.8 米。"皓天抢着答道。

"嗯，41×5+0.8=205.8（米），土楼外圈的周长有了。"高小斯马上算出了答案，然后又笑着说，"用 205.8 除以 3.14 就可以求出这个大圆的直径了。"

小雪从来没见过这样的算法，瞪大眼睛问高小斯："3.14 是什么？你是怎么得出这个数的？"

"**3.14 是圆周率**，就是**圆的周长和直径的比值**，这是一个**固定的数**，通常用**字母** π 来表示。圆周率其实是一个**无限不循环小数**，3.14 只是它的**近似值**，实际算的时候用这个近似值就可以。所以，用**圆的周长除以圆周率就能得出圆的直径**。"高小斯详细解释道。

小雪惊讶得合不上嘴："3.14 这个数字这么神奇，是谁发明的？这也太有用了吧！"

高小斯想了想，说："圆周率是谁发明的恐怕无从考证，我只知道我国大约两千年前的《周髀算经》中就有圆的周长约是它的直径的 3 倍这一说法了。"

皓天忍不住插话："让我来算一算，205.8÷3.14 ≈ 65.54（米），保留了两位小数，所以这座土楼的直径大约是 65.54 米。"

大家正讨论得热火朝天，小酷卡突然想到了什么，一下冲到几个人中间，高举起右手说："大家听我说，我想到一个更科学的解决方法，我们可以使用激光测量仪来测量土楼的直径。"

"激光测量仪？"听到这个陌生的词，大家齐刷刷地瞪大眼睛望向小酷卡。

"稍等！"只见小酷卡迅速跑向飞船，不一会儿就拿着一个闪着亮光的方盒子回来，为大家介绍说，"这就是目前最先进的激光测量仪。"说着，他贴着土楼里面的墙面用激光测量仪打了一个标记，然后一束绿光发射出去，穿过中间屋子的门窗，一直射到相对的另一边的墙上。这时仪器上的液晶显示屏闪了一下，显示出"44 米"。

皓天看着显示屏皱皱眉："不对呀，这和我们刚刚算的结果差太远啦！"

高小斯看出了门道，摆摆手："别急，小酷卡还没量完呢。"

小雪也聚精会神地看着小酷卡，要知道她可是第一次看到这么高科技的设备呢。

只见小酷卡从里面的大门走到外面的大门，又测量出里门和外门之间的距离，对大家说："里门和外门之间的距离是 11 米。"

皓天完全看呆了，根本不知道小酷卡在做什么。高小斯便为他解释道："中间的部分忽略不计，圆形的土楼其实可以看作是一个**环形**，住户主要都住在环形的圈上。我们刚才计算的是外面这个**大圆的直径**，而小酷卡测量出的 44 米，是里边这个**小圆的直径**。小圆和大圆之间有**一段距离**，是 11 米，并且两边都有。所以，小圆的直径要加上两个 11 米，才是外圈大圆的直径。”高小斯一边说一边在地上画图。

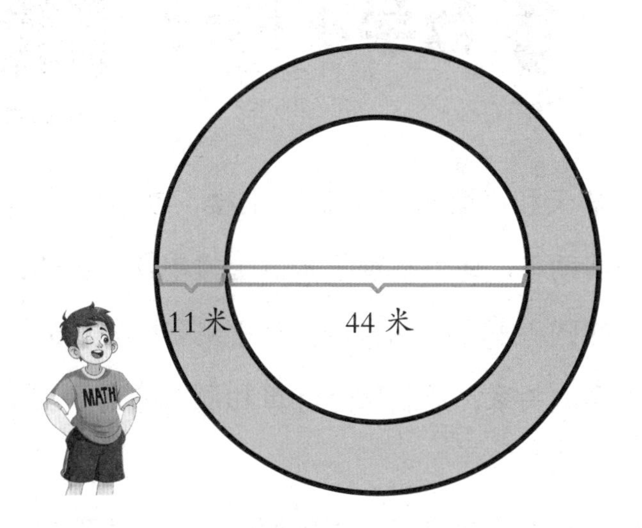

看着这个图，皓天终于弄明白了，兴奋地说："内圈和外圈之间的距离是 11 米，而两边都需要各加上 11 米，所以大圆的直径是 11×2+44=66（米）。"

“没错，就是这样！”高小斯笑着向他竖起了大拇指。

“可是，”皓天有了新疑问，“65.54 和 66 还是不一样啊，为什么会算出两个数来呢？”

“我们之前是手动测量的，而且计算结果经过了四舍五入，有误差是很正常的。现在有了这个激光测量仪，我们以后就可以测量得更快更准确了。”高小斯连忙给他解惑。

之后，小雪带着大家仔细参观了集庆楼的里里外外，高小斯被福建土楼的建筑特色震撼着，用他的话说："收获巨大，不虚此行！"

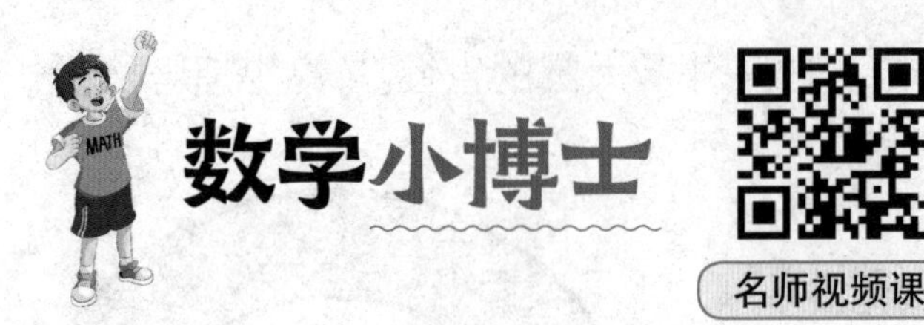

高小斯、皓天和小酷卡初见福建土楼，就被深深地震撼了。在新朋友小雪的帮助下，他们参观了永定土楼中最出名的集庆楼，在游戏中熟悉了圆的圆心、半径和直径，动手测量了土楼外圈的周长，厘清了周长和直径的关系，最后通过计算和测量知道了土楼外圈大圆的直径。

认识圆形，我们首先要知道圆各部分的名称，掌握圆的特征，理解圆的半径、直径和周长的关系。

用圆规画圆时，针尖所在的位置就是圆心，连接圆心和圆上任意一点的线段是半径，通过圆心并且两端都在圆上的线段是直径。一个圆里有无数条半径，同样也有无数条直径。圆心确定了圆的中心位置，半径确定了圆的大小，所以说一旦圆心和半径确定了，这个圆也就确定了。

围成圆的曲线的长是圆的周长，圆的周长和圆的大小有关系。人们经过研究发现，圆的周长与它的直径的比值是一个固定的数，我们把它叫作圆周率，用字母 π 表示，在实际应用时我们只取它的近似值，$\pi \approx 3.14$。

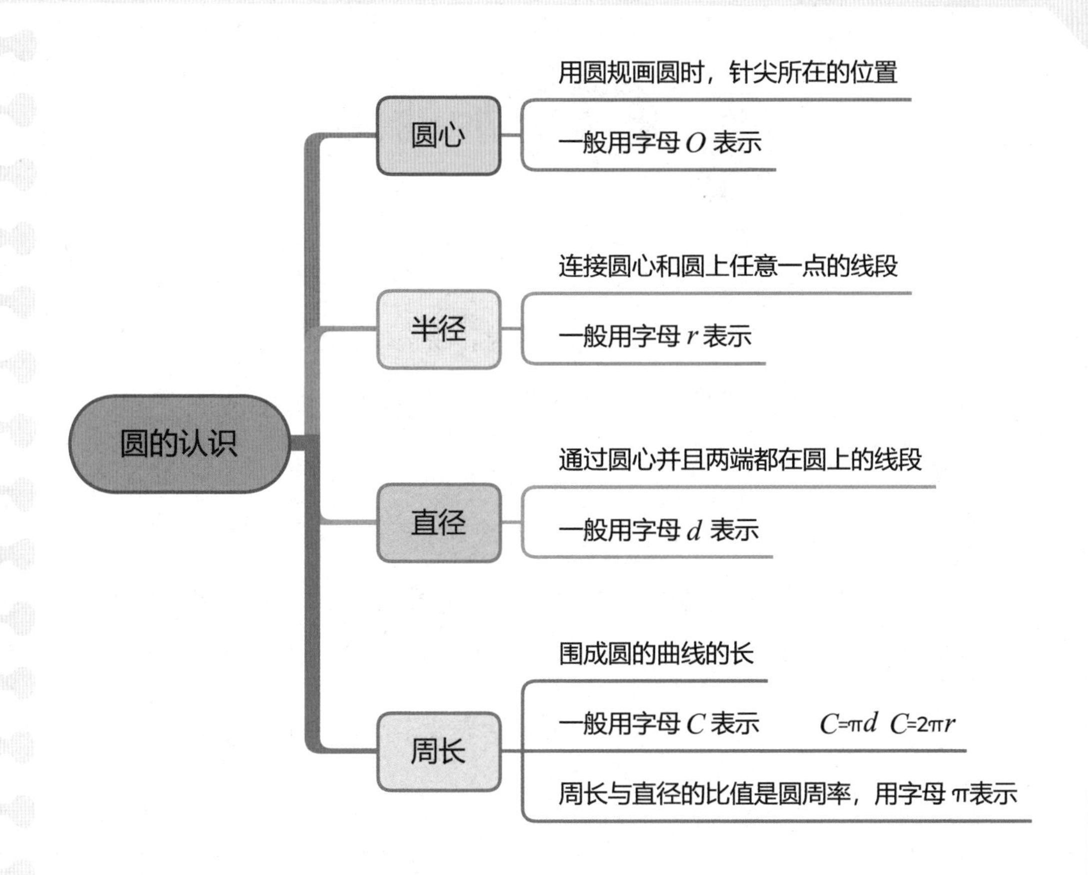
圆的认识
圆心
用圆规画圆时，针尖所在的位置
一般用字母 O 表示
半径
连接圆心和圆上任意一点的线段
一般用字母 r 表示
直径
通过圆心并且两端都在圆上的线段
一般用字母 d 表示
周长
围成圆的曲线的长
一般用字母 C 表示
C=πd C=2πr
周长与直径的比值是圆周率，用字母 π表示

结束了土楼的参观，高小斯和小伙伴们回到了“梦想号”飞船上。高小斯收拾自己的笔袋时，突然从里面掉出来一枚硬币，这是前几天他做科学小实验时用到的，随手放在了笔袋里。

对了，硬币不就是圆形的吗？高小斯一时来了兴致，指着硬币问皓天：“你看，这枚硬币的面也是圆形的，要想知道它的直径是多少，应该怎么办？”

皓天随口答道：“直接用直尺贴着硬币量一量不就知道了吗？”

高小斯摇了摇头说：“可以是可以，就是不太精确。怎么能测量得更精确呢？”

测量类似硬币面这样的圆形的直径，同学们，你们有什么更好的方法吗？

为了测量得更精确，我们可以借助多种工具。

我们可以用一把直尺和两把三角尺测量。将硬币夹在两个三角尺之间，且紧靠两个直角边，左边三角尺的直角边要与刻度尺的某一整刻度线对齐，摆好之后，读出硬币直径的数值。如图 1 中硬币的直径就是 1.6 厘米。

我们也可以用一把直尺和一把三角尺测量，如图 2 所示。同样读出硬币的直径是 1.6 厘米。

我们还可以用一种叫游标卡尺的测量工具。将硬币卡在下量爪中间，读出上方的刻度值即可。如图 3 所示，硬币的直径是 1.6 厘米。用游标卡尺测量会更精确。

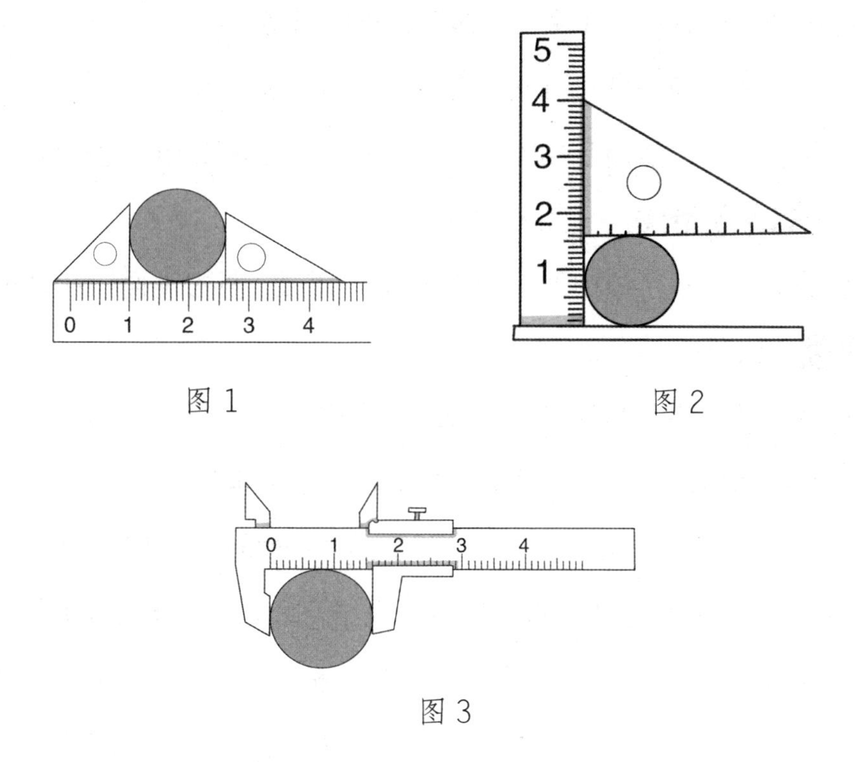

图 1　　图 2

图 3

第二章

计算土楼面积

——圆的面积

高小斯、皓天、小酷卡和新朋友小雪一起参观了集庆楼，参观结束后天色已晚，大家便住在了小雪家。第二天吃完早饭，小伙伴们聊起了昨天的参观感受，大家都很佩服祖先的智慧。

皓天手里捧着一杯果汁正喝着，脑子里突然冒出了一个问题："福建土楼可真壮观，然而我们昨天只测量和计算了集庆楼的直径和周长，那它的**占地面积**能不能算出来呢？"

小酷卡扭头望了望窗外："集庆楼是个圆形，算占地面积就是求**圆形的面积**。"

小雪掰着手指头数了数："我会算长方形、正方形、三角形、平行四边形和梯形的面积，怎么算圆形的面积我还没学呢。"

"其实我们可以先回忆一下平行四边形的面积公式是怎样推导出来的。"高小斯在数学方面一直很厉害，他结合之前学到的数学知识提示大家，"平行四边形的面积是利用割补法，把平行四边形转化成长方形之后计算出来的。那么我们是不是也可以**把圆形转化成已经学过的图形**，再计算它的面积呢？"

高小斯向小雪要了一张纸，把纸剪成圆形，对折两次之后又展开，和小伙伴们分享道："你们看，把圆对折再对折，折出的形状是不是很像**三角形**？”

“确实很像。”皓天点点头，“只是有一条边不是直线，是弧线。”

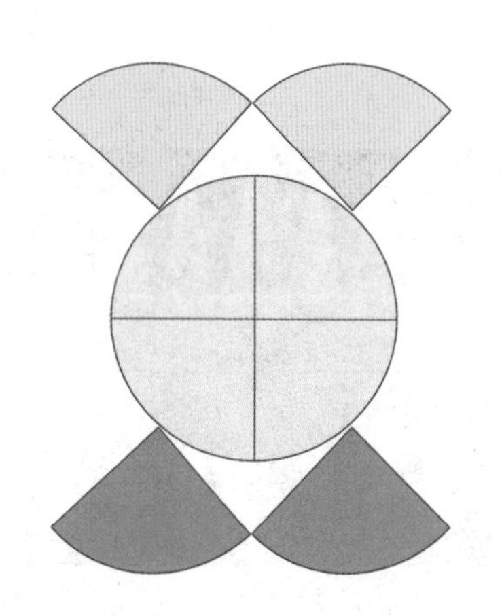

“那如果多折几次呢？”高小斯边说边又拿着纸继续对折起来。这一次他把圆折成了 16 份，展开之后大家发现，其中每一小份的形状更接近一个三角形了。

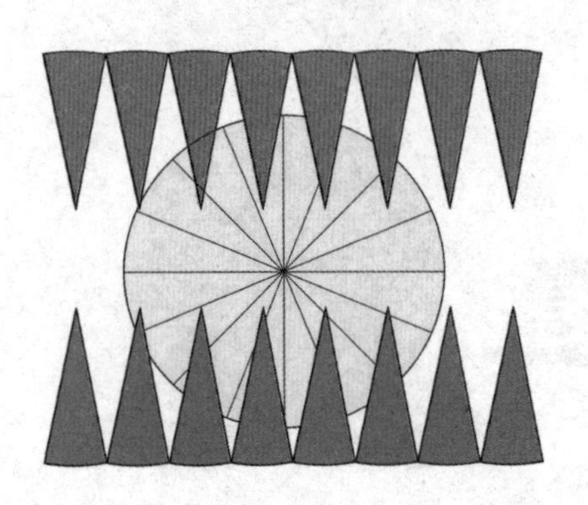

“我知道了，**等分的份数越多就越像三角形。**”皓天举着手大声说。

“是的，把圆等分的份数越多，这些弧线就越接近直线，其中的一份也就越接近三角形，而且都是**等腰三角形**。现在这**一小段弧线**就完全可以近似看作**三角形的一条边**了。”高小斯又继续提议道，“我们可以试着把这些小的三角形摆在一起，拼凑出我们熟悉的图形。”

小雪拿来剪刀，沿着折线把圆形的纸剪成大小相等的 16 份，在桌上摆来摆去，拼成了一个平行四边形。大家觉得很好玩，也都把纸剪成圆形，对折多次之后再剪开、拼接，最后小酷卡也拼成了一个平行四边形，但是是上下两层拼到一起的，皓天拼成了一个梯形，高小斯拼成了一个大大的三角形。

“咱们一起来看看吧。”高小斯指着小雪拼出来的平行四边形说，“小雪拼的这个**平行四边形**的底可以近似看成圆周长的一半，也就是 πr，高可以近似看成圆的半径 r。平行四边形的面积 = 底 × 高，所以**圆的面积**就是 $\pi r \times r=\pi r^2$。”

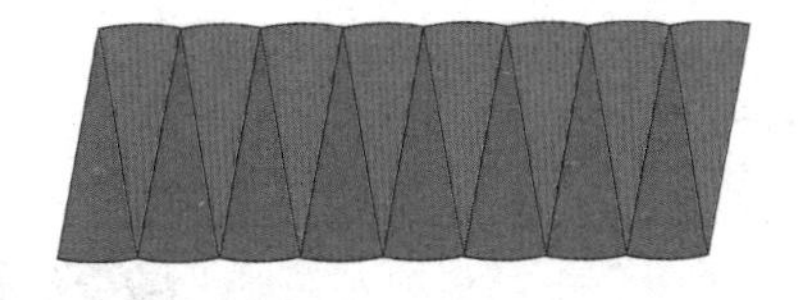

小酷卡最先听明白了，抢着说："我知道怎么算了！我的这个**平行四边形**的底可以近似看成圆周长的 $\frac{1}{4}$，也就是 $\frac{1}{2}\pi r$，高可以近似看成圆的半径的 2 倍，也就是 $2r$。同样根据平行四边形的面积公式来算，**圆的面积**就是 $\frac{1}{2}\pi r \times 2r=\pi r^2$。"

皓天等小酷卡说完，指着自己拼的图形接着说："我拼的这个**梯形**的上底和下底合起来可以近似看成圆周长的一半，也就是 πr，高可以近似看成圆的半径的 2 倍，也就是 $2r$。梯形的面积 =(上底 + 下底) × 高 ÷2，所以**圆的面积**是 $\pi r \times 2r \div 2=\pi r^2$。"

"这个我来讲！" 小雪看三个人都讲了，自己也不甘示弱，到高小斯旁边比画着说，"这个**三角形**的底可以近似看成圆周长的 $\frac{1}{4}$，也就是 $\frac{1}{2}\pi r$，高可以近似看成圆的半径的 4 倍，也就是 $4r$。三角形的面积 =

底 × 高 ÷2，所以圆的面积就是 $\frac{1}{2}\pi r \times 4r \div 2=\pi r^2$。”

“好神奇啊！我们拼的图形不一样，为什么推导出来的结果都是一样的呢？”小雪又有些迷糊了。

高小斯耐心解释道：“我们把圆形转化成其他图形，**只是形状变了，面积并没有发生改变**。你看我们只是把圆形的纸剪开了，可并没有扔掉任何一块。所以，推导出的结果一定都是 $S=\pi r^2$。根据这个式子来看，我们只要知道了圆的**半径**，就能求出圆的**面积**。”

皓天拿出平板电脑，在上面又模拟着把圆平均分成了 32 份、64 份、128 份、256 份……结果大家发现，分的份数越多，每一份就越小，弧线在视觉上就会逐渐变成直线，小等腰三角形的顶角则越来越小，上下交叉摆放的话，能拼成的图形就会**越来越接近长方形**。这个结果，让大家都感到非常惊讶，觉得好有意思。

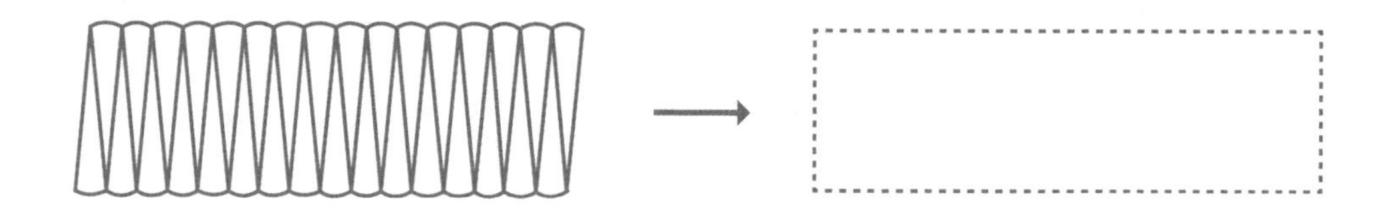

“现在我们可以算算集庆楼的占地面积了。昨天咱们算出了它的直径大约是 66 米，半径就是 33 米，那面积就是 $3.14\times33^2\approx3419$（平方米）。”小雪立刻算出了结果。

高小斯看着小雪的计算，眼珠一转，像个小老师一样说道：“这是求出了集庆楼外圈大圆的面积。给你加个难度，昨天咱们提到了圆形的土楼也可以看成一个圆环，那么这个**圆环的面积**应该怎么算？”

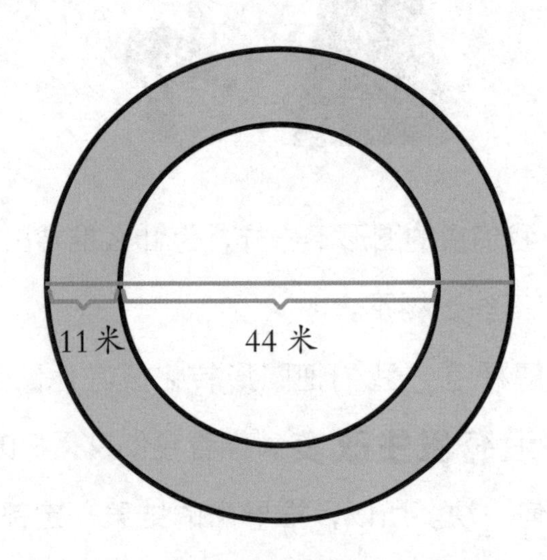

见小雪咬着嘴唇，半天也没说出算法，皓天就用平板电脑再现了昨天画的图，提示她：“一个**外圆**，一个**内圆**，一**减**就行。”

小雪眼睛一亮：“它的内圆的半径是 22 米，那么它的面积就是 $3.14\times22^2\approx1520$（平方米），两个圆的面积相减之后圆环的面积就是 1899 平方米啦！”在皓天的提示下，她顺利算出了圆环的面积。

高小斯笑着用手给小雪和皓天都点了“赞”，小酷卡也递过两杯果汁作为奖励。

这时，皓天想到了熟悉的正方形，稍加思索之后说：“如果土楼修成正方形，周长也大约是 205 米，那边长就是 51.25 米。正方形的面积 = 边长 × 边长，算下来四舍五入后大约是 2627 平方米。这么一比，还是修成圆形占的面积更大，使用面积也更大，这估计也是祖先们把土楼建成圆形的原因之一吧！”

“很有可能。”高小斯点点头。

之后，他们又试着把圆形转化成周长相等的长方形、三角形、平行四边形和梯形，最终发现，**在周长一样的情况下，圆形的面积确实最大。**

小雪惊讶地感叹着：“我们的祖先在修建这些土楼时可真的是倾注

割圆术

魏晋时期，数学家刘徽发明了一种计算圆的周长和直径的比值的方法：割圆术。他认为像图中一样将圆分割成多边形，分割得越细，多边形的边数越多，多边形的面积和圆面积就越接近，直到最后没有差别。之后他再对多边形的面积进行计算，从而得出了这个定值，即圆周率。

了不少心血啊，有太多巧妙的设计了！”

高小斯也感叹道：“是啊，不光是福建土楼，全国各地还有很多奇妙的古建筑呢！”说到这儿，他突然有了一个大胆的想法，“不如这个假期我们一起去探索那些古建筑吧，怎么样？”

皓天和小酷卡听了都激动得跳起来，举双手赞成。

高小斯热情地邀请小雪与他们同行，小雪也立刻点头答应。就这样，四个小伙伴踏上了探秘古建筑之旅。

数学小博士

高小斯、皓天和小酷卡在小雪家住了一晚，第二天仍然对福建土楼充满兴趣。他们前一天研究了集庆楼外圈大圆的周长，这天又聚在一起研究起了集庆楼的占地面积。

在探究集庆楼占地面积的过程中，大家利用已有的知识，采用割补、拼组的方式，将圆形转化成了学过的图形。通过对比圆和转化之后的图形，他们发现在形变的过程中面积是不变的，于是推导出圆的面积公式。最后，通过计算和对比他们发现：在周长一样的情况下，圆的面积最大。

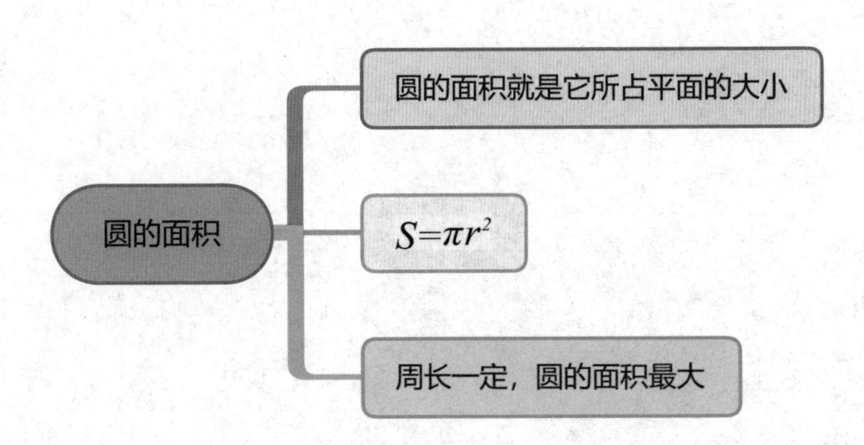

高小斯在小雪家土楼的仓库里发现了两块圆形瓷盘的残片，如下图。对比这两块残片，你能比较出原本完整的瓷盘哪个面积大吗?

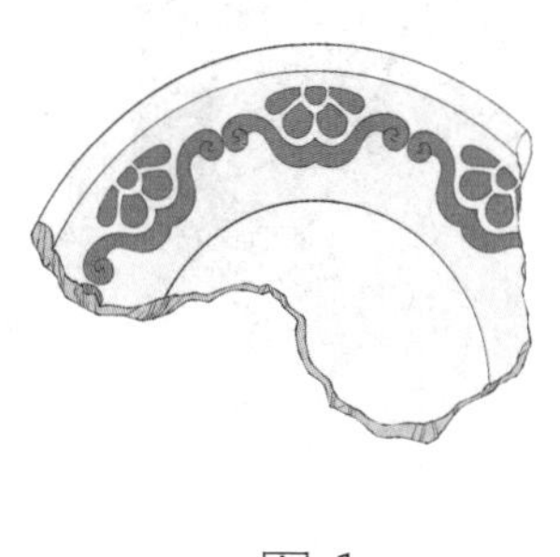

图 1

图 2

解决这个问题可以有很多种方法。

方法一：几何直观法。越大的圆，它的残片的弧线弧度就越平缓；而相对小一些的圆，它的残片的弧线弧度就会大一些。直观来看，图 1 的瓷盘残片边缘弧线的弧度要比图 2 的小，因此图 1 原本完整瓷盘的面积应该比图 2 的大。

方法二：对折法。用纸剪出两个残片的形状，然后把每一个剪出的纸片沿着弧线对折两次，展开后我们可以看出，折痕延长线的交点就是圆心的位置，最后我们可以通过比较半径的大小来比较圆的大小。

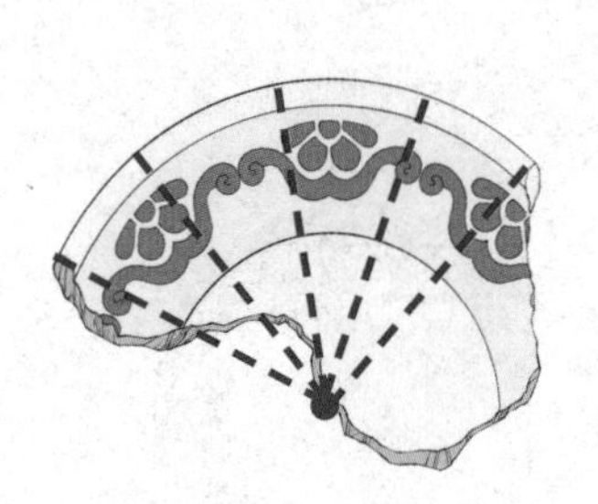

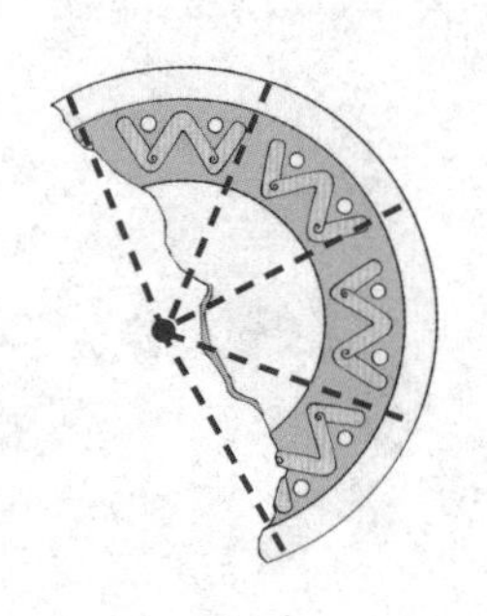

第三章

03

藏书楼天一阁

——假设策略

参观完福建土楼后，高小斯和小伙伴们对中国的古建筑产生了浓厚的兴趣。于是，休息了几天后，他们又相约乘坐“梦想号”飞船，继续参观具有代表性的古建筑。但是中国地大物博，经典的古建筑太多了，下一站要去哪里呢？大家一时拿不定主意。

这时，高小斯忽然想起前几天妈妈提到过余秋雨先生写的一篇散文，叫《风雨天一阁》，当时妈妈还强烈建议有机会全家一起去看看天一阁。

“天一阁？它有什么特别有意思的地方吗？”这是皓天最关心的问题。

“我查查看。”高小斯操作着平板电脑，“天一阁是我国现存历史最悠久的私家藏书楼，也是世界上最古老的三大家族图书馆之一，是非常有代表性的古建筑，已有四百多年的历史。它位于浙江省宁波市，跟福建土楼完全不一样，是典型的江南风格的建筑。你想不想去看看？”说完，高小斯挑着眉毛看着皓天。

皓天连忙点头：“想去，想去！”

于是，大家依依不舍地告别了小雪的爷爷，登上飞船。小酷卡刻意绕着土楼建筑群飞了几圈后，才加速往宁波的方向飞去。

启程之后，高小斯忽然想到一直对天一阁念念不忘的妈妈，今天正好是周末，高小斯决定给妈妈打个电话，约她一起去看天一阁。高小斯的妈妈刚好有时间，便早早赶到天一阁等他们，还贴心地帮高小斯和小伙伴们买好了果汁。

没过多久，他们就在天一阁门外碰面了。大家边喝着甜甜的果汁，

边七嘴八舌地给高小斯的妈妈讲他们在福建土楼的见闻和在数学上的收获，一个个兴致高昂。

高小斯的妈妈看着这几个聪明可爱的小家伙，忽然心血来潮想考考他们，便清了清嗓子说：“看你们对数学这么感兴趣，也有不少收获，那我来问个问题，看谁能回答得最快最好。”然后，她指了指大家手里的饮料问道，“我买了一杯咖啡和四杯相同的果汁，一共花了 60 元。已知一杯咖啡比一杯果汁贵 10 元，你们能算出一杯咖啡和一杯果汁分别是多少钱吗？”

这种问题可难不倒高小斯，只见他从随身的包中拿出一张纸，在纸上专心地画起来。

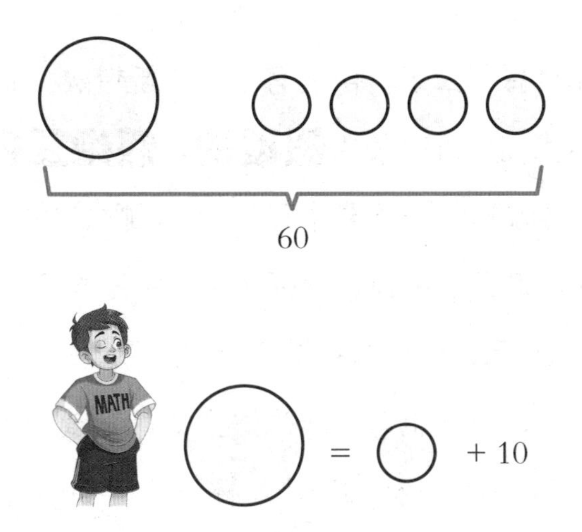

他刚画完，小雪立刻就明白了，抢着说：“大圆代表的是阿姨的那杯咖啡，小圆代表的是我们的果汁。”

高小斯点点头，继续说道：“我们可以把这一个大圆用小圆来代替，因为一杯咖啡比一杯果汁贵 10 元，那么一个大圆就等于一个小圆加上10。这样，图上就全都是小圆了。”他一边说一边画。

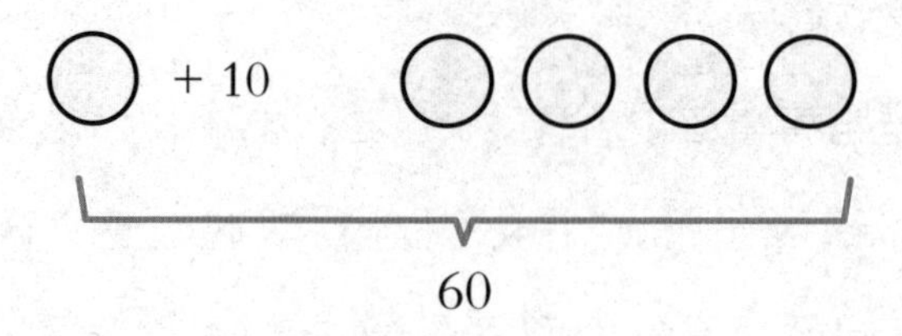

根据高小斯的图，小雪一下就算出了结果：五杯果汁是60−10=50（元），一杯果汁是50÷5=10（元）。

○ = 10

皓天这会儿也想明白了，但他有了一个新想法：“高小斯用了画图法来解题，其实我们也可以使用**假设法，假设五杯全是果汁**。按阿姨说的，一杯咖啡比一杯果汁贵10元，那么总钱数就应该比实际少10元，也就是50元。因此，五杯果汁一共是50元，然后就能算出来，一杯果汁是10元，一杯咖啡是20元啦！”

听完皓天的话，小雪也有了新想法，她补充道：“也可以**假设五杯全是咖啡**呀。因为一杯咖啡比一杯果汁贵10元，所以总钱数就应该比实际多40元，也就是五杯咖啡是100元。这样也可以算出一杯咖啡是20元……”

小雪话音还没落，小酷卡就喊起来：“剩下的让我来算！咖啡20元，咖啡比果汁多10元，那么我的果汁就是10元一杯！”他看大家都想出了算法，而自己毫无头绪，便着急地插嘴。大家都被他逗笑了。

高小斯的妈妈为大家竖起了大拇指，夸奖道：“你们算得都对，而且我发现你们能够**通过假设法把问题转化**。皓天把问题变成了五杯果汁 50 元，小雪把问题变成了五杯咖啡 100 元，这样原来的**两个未知量**就变成**一个未知量**了，**数量关系**变得**简单**，我们计算起来也会更容易。”

“几杯饮料引出的数学知识啊，我们还没进天一阁就学了这么多！”高小斯为他们的新收获鼓起掌来。

“问题已经解决，我们快进去吧！”皓天已经等不及了。

用假设法解鸡兔同笼问题

鸡兔同笼问题：已知鸡和兔的总头数和总脚数，求鸡和兔各有多少只。可以用假设法解决这类问题。首先假设全是同一种动物，比如全是鸡，然后用鸡置换兔，接着根据假设情况下的总头数算出总脚数，之后用实际的总脚数减去假设情况下的总脚数，就是假设情况下少的脚数。因为兔被置换成了鸡，所以实际上每有1只兔，假设情况下就会少2只脚。因此，只要求出假设情况下多出的脚数，就可以推算出兔的只数。

孩子们兴高采烈地跨进天一阁的大门，一进去就看见院子里长着一棵遍布青苔的大树。这棵树不知道有多少岁了，长得特别高大，繁茂的枝叶遮天蔽日，撑起一片阴凉。院子的中央是一位老者的雕像，他头戴官帽，身穿官服，手里拿着一册书简，目光和蔼而有神。他眺望远方，嘴角微微上扬，似乎在思考着什么问题。

高小斯早就在资料中看过相关介绍，便向小伙伴们介绍道："这个人就是天一阁的建造者，也是天一阁的第一任主人——范钦。他是一位著名的藏书家。"

穿过假山，大家来到范家的古宅。这座古宅保存得非常好，古典的木制桌椅仿佛在向游人诉说着古老的故事。屋中，书卷整齐有序地摆在书架上，文房四宝带着历史的厚重感，让人心生敬畏。高小斯和小伙伴们对这样的场景肃然起敬，不由得屏住呼吸，说话也不敢大声了。

"快看，这里还有雕像。"皓天指着右侧的铜像问，"中间的人应该是范钦，旁边的人都是谁啊？"

高小斯的妈妈给大家讲解道："这些雕像再现了'范钦分家'的故事，这个故事在余秋雨先生的散文《风雨天一阁》中有记载。当时范钦在分家产的时候，出人意料地分成了两份：一份是万两白银，一份是天一阁藏书。他的大儿子范大冲选择了藏书，成了天一阁的第二代主人。后来，范家的后代义无反顾地承担起艰苦的藏书事业和护书大任，也正是因为这样，天一阁才能在历史的风风雨雨中顽强地生存下来。"大家聚精会神地听着高小斯妈妈的话，心里不由得涌起敬意。

"你们说这座藏书楼为什么取名'天一阁'呢？"小雪突然好奇地

问。高小斯和皓天你看看我，我看看你，也都是一脸好奇。

“你先想想，书最怕什么？”高小斯的妈妈提示道。

“书怕蛀虫，当然也怕火。”小雪四处望了望，又想了想，答道。

“是的，书最怕火，而水克火，因为《易经》中有‘天一生水’的说法，借水防火，所以就取了‘天一阁’这个名字。这里屋顶的水波纹和水兽，还有前边的天一池，都是寓意防止火灾。”高小斯的妈妈摸着小雪的头，又给大家讲起了天一阁的故事，“天一阁的藏书和建筑

为研究书法、地方史、石刻、石构建筑和浙东民居建筑提供了实物资料……”

一边参观着天一阁，一边听着高小斯妈妈的讲解，大家深刻感受到天一阁不只是一座建于明代的藏书阁，更是一份传承，代表的是中国人几千年来对知识的渴求和对文化的尊重。

数学小博士

第二站，高小斯和小伙伴们一起来到了天一阁。高小斯的妈妈也对天一阁充满兴趣，他们在这里会合，一起参观。在这一站，大家不仅知道了天一阁背后的故事以及蕴含的历史意义，也在高小斯妈妈的引导下学到了数学知识。

在解答高小斯妈妈提出的问题时，皓天和小雪很好地利用了假设法把复杂问题简单化了。假设法是一种很好的解决问题的方法，当需要求两种或两种以上的未知量时，我们可以先根据未知量之间的关系，把两种未知量假设成同一种，然后根据题中的已知条件进行推算，并对照已知条件，对数量上出现的矛盾加以适当的调整，最后找到答案。

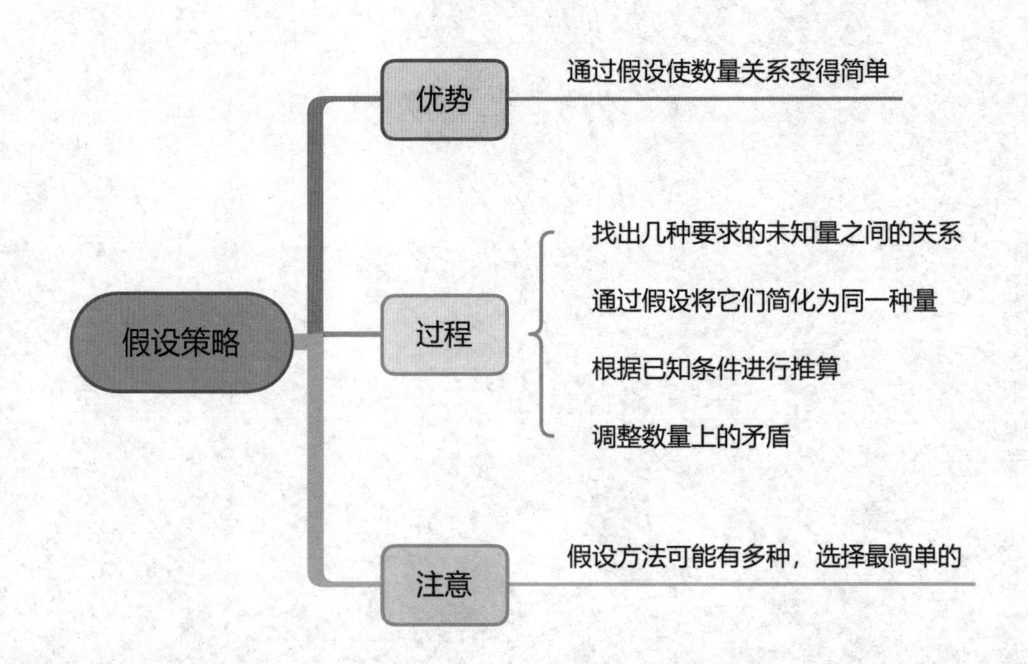

在天一阁出口的小商店里，有很多和天一阁相关的文创产品，其中最吸引大家的要数印有天一阁风景的明信片了。在高小斯妈妈的支持下，大家挑选了一些好看的明信片，准备带回去送给朋友们。

这时，新的问题又产生了：高小斯和皓天各自挑选完明信片，结账时被告知他们俩一共选了 108 张，而且高小斯给皓天 18 张后，两人的明信片数量正好一样。那么两人原来各有多少张明信片？

“而且高小斯给皓天 18 张后，两人的明信片数量正好一样。”这句话的意思你想明白了吗？这个信息意味着高小斯本来比皓天多多少张呢？我们可以试着画一画图，明确数量关系。

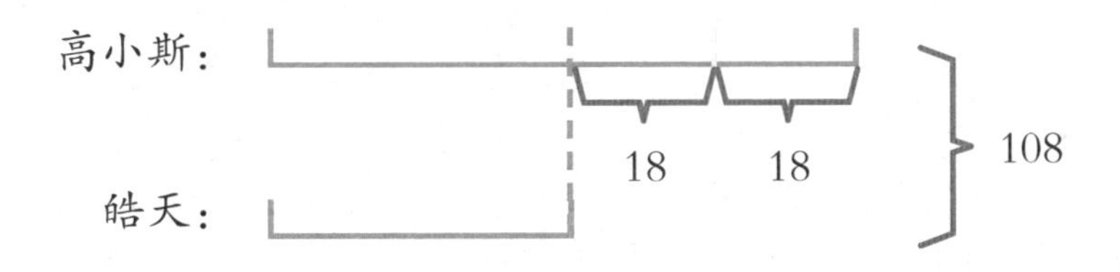

首先，我们要明确一个关键点，也是最容易出错的点：只

有高小斯比皓天一开始多两个18张，他给皓天18张后，他们的明信片才能一样多。也就是说，高小斯比皓天多36张。

接下来我们就可以灵活使用假设法了，可以假设高小斯去掉这36张，也可以假设皓天添上36张。如果我们假设高小斯去掉这36张，那么总数将变为108－36=72（张），而此时高小斯和皓天的明信片一样多，72÷2=36（张），也就是说皓天有36张，高小斯一开始应该有36+36=72（张）。如果我们假设皓天添上36张，总数也会多36张，变成了108+36=144（张），而此时高小斯和皓天的明信片仍然一样多，144÷2=72（张），也就是说高小斯有72张，皓天一开始应该有72－36=36（张）。

相信你也明白了，两种假设的目的都是让高小斯和皓天的明信片变得一样多，这样就能把两个未知量变成一个未知量。生活中像这样的知道两个数量的和以及相差关系的问题还有很多，希望你可以利用假设的策略灵活解决问题。

第四章

故宫里的密码

——比的认识

参观完天一阁，高小斯和小伙伴们越“战”越勇，想去探索更多经典的古建筑，顺便收获更多的数学知识。高小斯的妈妈看他们兴致如此高，也很支持他们的探索之旅。

在住宿的地方休息时，小雪兴冲冲地问大家：“下一站咱们去哪里呀？”

高小斯第一个想到的是北京。要知道，北京的故宫可是世界闻名的古建筑，里面的奥秘特别多，肯定能学到不少知识。但他没有明说，而是故意卖起了关子：“下一站我想要去的这个地方，是我国明、清两代 24 位皇帝的皇宫所在地，是数百年封建王朝的政治中心。”

皓天立刻反应过来了，补充道：“它还是世界上现存规模最大、保存最完整的木结构宫殿建筑群哦！”

提示都这么明显了，小酷卡当然也明白了，他发出一阵开心的呼喊声：“我们要去故宫探秘啦！”

听到这里，小雪也开心得跳了起来。北京一直是她最向往的地方，现在她终于可以实现自己游览故宫的愿望了！

第二天一早，几个小伙伴便乘着“梦想号”飞船来到了北京。他们爬上远眺故宫的最佳观景点——景山，从山顶往下一望，只见故宫所有的建筑都沿着中轴线整齐有序地排列着，呈现出一种独特的对称美。真的无法想象，在没有大型运输设备和高科技工具的古代，人们是怎么建造出这么令人震撼的宏伟建筑的。

高小斯指着故宫对大家说：“关于中国建筑的对称美，著名的建筑

学家梁思成先生曾说过：‘无论东方、西方，再没有一个民族对中轴线对称如此钟爱与恪守。’你们看，整个故宫就是典型的对称美，看上去给人一种秩序井然、庄严肃穆的感觉。”听了高小斯的话，小伙伴们对这座悠久而神秘的古代宫殿更加好奇了。

皓天突然灵机一动，一拍巴掌：“我想起语文书里有一篇关于故宫

的课文，让我们跟着课文游故宫吧！”说着，皓天拿起平板电脑，搜出故宫平面图，带领大家跟着课文里的路线从天安门往里走，穿过端门，走过午门，过了金水桥，又进了太和门，前面就是著名的三大殿了。这一路小雪和小酷卡东张西望，眼睛都看不过来了。精美的汉白玉石桥、威武的铜狮、金黄色的琉璃瓦……虽然课本上已经描写得很生动细致了，但亲眼看见、亲手摸到的时候，大家还是被深深地震撼了。

来到太和殿前，高小斯当起了小导游，向大家介绍道：“大家请看，这是故宫中轴线上的三大殿，太和殿是举行重大典礼的地方，中和殿是皇帝休息的地方，保和殿是举行殿试的地方……”介绍完，他又神神秘秘地说，“我先考考大家，故宫三大殿院落的东西总宽是 234 米，三大殿‘土’字形大台基的东西宽是 130 米，你们知道这里面有什么奥秘吗？”

皓天想了想，脑子里模模糊糊有点儿印象：“我好像在哪儿看见过，说是跟‘九五之尊’有关。”

“什么是‘九五之尊’？跟建筑的宽度有什么关系？”显然，这触及小酷卡的知识盲区了。

高小斯攥起拳头放在嘴边，假装咳嗽了一声，然后笑眯眯地给大家提示：“三大殿院落的东西总宽是 234 米，‘土’字形大台基的东西宽是 130 米，那么这**两个数的比**就是 234 ∶ 130。”

“234 ∶ 130？什么意思？”小雪没听说过两个数可以这样比，忍不住插嘴问。

高小斯解释道：“**比，表示两个数之间的倍数关系**，跟所说的多少倍意思差不多，**也表示两个数相除**，而且根据分数与除法的关系，还**可以写成分数形式**。”

小雪一听就明白了：“是不是跟我们以前学的一个数是另一个数的几分之几一样？234 ∶ 130 就是 234÷130，写成分数是 $\frac{234}{130}$。”

“小雪真聪明！”高小斯给小雪鼓了鼓掌。

说到除法和分数，小酷卡也明白过来了，补充说：“$\frac{234}{130}$ 不是最简分数，它进行约分后是 $\frac{9}{5}$。”

“是的，在 234 ∶ 130 中，234 和 130 分别叫作**比的前项和后项**，相当于分数中的**分子与分母**，我们用**约分**的方式来**化简**它，得出**比值**是 $\frac{9}{5}$。”高小斯讲起数学来头头是道，“与分数的基本性质、商不变的规律相通，比的前项和后项同时乘或除以相同的数（0 除外），比值——也就是它们的商不变，这是**比的基本性质**。”

“我想起来了！234 ∶ 130 =（234÷26）∶（130÷26）= 9 ∶ 5，在古代，皇帝一般都称为‘九五之尊’，所以在修建故宫时，非常巧妙地把这个意思蕴藏在其中了。”皓天得意扬扬地揭晓答案。

“非常正确！”高小斯连连点头。

“真神奇，这好像密码一样啊！”小酷卡感叹道。

这时，皓天又举起平板电脑，向大家展示故宫平面图：“我也想到了一个问题，你们都来猜猜。”他指着地图上密密麻麻的房间问，“故宫里一共有多少间房？”

小雪盯着地图上的一片小格子说：“我家都有十多间，皇帝家得有1000间吧。”

小酷卡毫无头绪，他的数据库里没有相关信息，不过他觉得1000间太少了。

不同的“比”

我们在生活中遇到的一些“比”和今天故事里讲的数学里的“比”是不同的。我们经常会遇到比大小、比多少、比高矮、比长短、比快慢等情况，这是在研究两种同类量的相差关系。还有球类比赛的比分，虽然也写成中间是比号的形式，但根本上还是同类量相比，研究的是相差关系。而像装修搅拌混凝土时所说的沙、水泥、水三者的比，煮米饭时水与米的比，就是数学里的“比”了，它的数学本质是对两个数量之间倍数关系的表达或度量。

高小斯想了想说:“我国古代把数字分为阳数和阴数,奇数为阳,偶数为阴。数字 9 是阳数里最大的数,很受看重,它又与‘久’同音,寓意健康长久,因此故宫里很多事物都与数字 9 有关,比如九龙壁、九龙椅、八十一门钉(横九排,竖九排)……那么我猜故宫应该有 9999 间房。”

“哈哈,你们都猜错了!”皓天把搜索到的结果展示给大家看,“故宫有 9999 间房间只是传说,根据统计,故宫实际上有 8707 间房。”

小酷卡粗略地计算了一下,惊叹道:“8707 间!天哪,就算一晚上住一间,也得花上近 24 年呢!”

“哇,这么大的故宫,皇帝每天要走多少步啊!”小雪四下望了望,感叹道,“如果我住在这里,每天走一万步一定不是难事。”

“我们可以推算一下。”小雪的话引起了高小斯探究的兴趣。

“这怎么推算,要我们一步步走一遍故宫吗?”小酷卡好奇地问。

“当然不是啦。”高小斯笑着说,“皓天手中的故宫平面图就是我们推算的关键,不用出门就能知道自己在故宫里能日行多少步。比如我们刚才是从午门走到太和殿的,这一路过来大约走了多少步呢?”

“要知道走多少步,先得知道走了多少米和一步有多长。”小雪边回忆边说,“我看过《福尔摩斯探案集》,里面说人的**步幅和身高之比**大约是 9 ∶ 20。”

皓天首先算出了自己的步幅:“我的身高是 160 厘米,每 20 厘米的身高对应 9 厘米的步幅,所以我应该是 $160 \div 20 \times 9=72$(厘米)的步幅。我的一步大约是 70 厘米,也就是 0.7 米。”

“好,那我们就按照皓天的步幅来算。”高小斯指着平板电脑上的

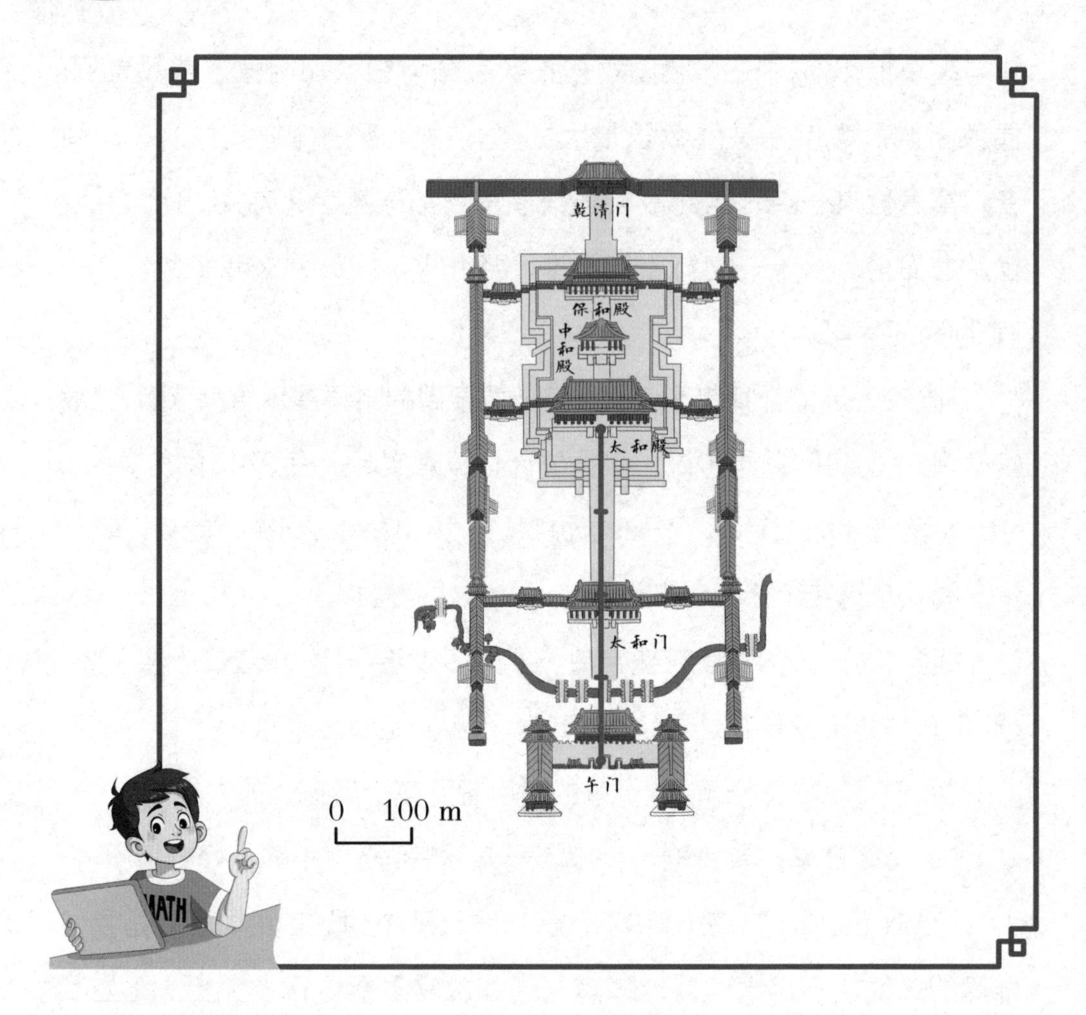

故宫平面图说，“推理的关键就藏在地图里，大家来看看地图上都有什么吧。”

“有大门，有黄色屋顶的宫殿。”皓天说。

“有桥，还标注了大门和宫殿的名称。”小酷卡说。

“我们要看走了多少米，当然是要找和距离有关的东西啦。”还是小雪抓住了关键，“这个地图左下角写的‘100 m’是什么意思呀？”

“你找对了，这就是关键！”高小斯点点头，介绍道，“它是**比例**

尺，代表地图中这么长的线段所表示的实际距离是 100 米。地图上都会有比例尺，用来**表示图上距离与实际距离的比**。”

“那我们就量一量从午门到太和殿一共有多少个这样的小线段长就好了呀。”皓天用平板电脑的辅助工具快速测量起来，“大约是 4 个小线段，所以就是 400 米。”

“没错。”高小斯接着说，“一步大约是 0.7 米，走 400 米就应该是……”

“571 步左右！”皓天很快算出了结果，“这样的话，走一遍故宫需要多少步也就能大概推算出来了。”

小雪提议：“今天咱们干脆就走个一万步算了，真正来一个日行万步。”高小斯笑着表示同意，皓天和小酷卡也在旁边兴奋地点头附和。

参观完太和殿，大家来到了中和殿。小雪指着大殿正中间高悬的匾额问：“匾上的‘允执厥中’是什么意思？”

“我知道。这是乾隆皇帝的题字，意思是言行不偏不倚，符合中正之道。”皓天又搜索出中和殿的资料，抢着回答。

高小斯听了感慨地说：“这四个字体现了乾隆皇帝的治国理念啊！”

时间一点点过去，高小斯和小伙伴们的故宫之旅也到了尾声。在这片宏伟的宫殿建筑群里，他们踏着昔日皇帝的足迹，感受着中华民族传承至今的历史文化，思绪飘出了好远好远……

这一站，高小斯和小伙伴们一起来到了首都北京，参观了举世闻名的故宫。在参观故宫的过程中，他们认识了什么是“比”，掌握了比的基本性质和化简方法，学会了借助比例尺推算地图中的实际距离。同时，他们还进一步感受了故宫中隐藏着的有趣的数字密码，体会到了数学的独特魅力。

在数学中，两个数相除又可以叫作两个数的比，比的前项除以后项所得的商叫作比值。比的前项和后项同时乘或除以相同的数（0 除外），比值不变，就是比的基本性质。

比例尺是比在实际生活中的一种重要应用。根据比例尺的定义，我们知道比例尺是图上距离与实际距离的比。

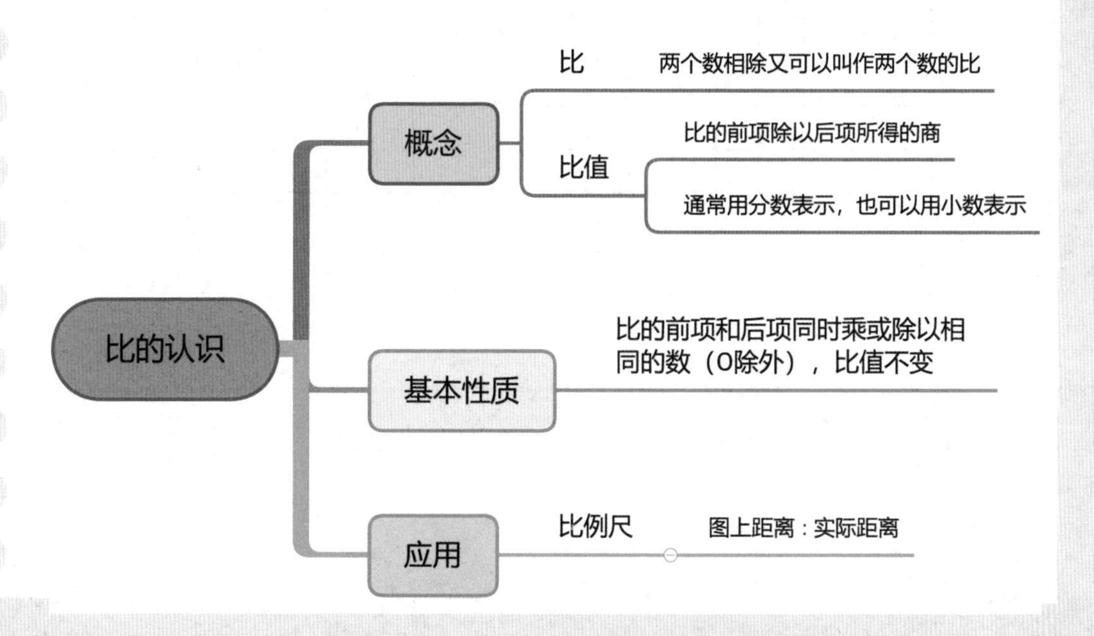

在高小斯和小伙伴们参观故宫的过程中，地图发挥了重要作用。通过这次旅行，动手达人皓天迷上了绘制地图，但又不知道从哪里开始下手。

高小斯给皓天出了个主意："你可以先从简单的制图开始学习，慢慢积攒经验。下面每个方格的边长表示 1 厘米，你先试试画出满足下列要求的简单图形吧！"

（1）画一个面积是 48 平方厘米，长与宽的比是 4 ∶ 3 的长方形。

（2）画一个周长是 20 厘米，长与宽的比是 7 ∶ 3 的长方形。

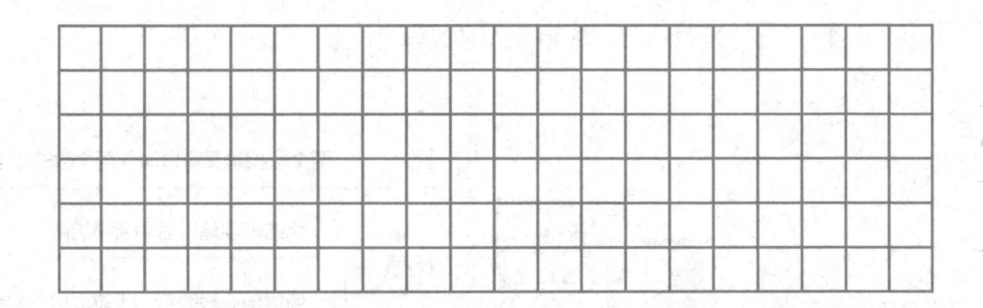

第（1）题，我们可以根据长方形的面积是48平方厘米，列举出全部符合条件的长方形（长和宽都是整厘米数），再来判断哪个长方形满足长和宽的比是4∶3这个条件；也可以根据长方形长和宽的比是4∶3，从小到大列举出几个符合条件的长方形，再看哪个长方形长和宽的乘积是48。最后我们会发现，长是8厘米，宽是6厘米的长方形是满足条件的。这样通过先枚举出所有可能，再来逐一判断，可以让我们没有遗漏。

第（2）题，长方形的周长是20厘米，它的长与宽的和就是10厘米，长与宽的比是7∶3的话，也就是说把10厘米平均分成10份，长占了7份，宽占了3份，则长是7厘米，宽是3厘米。

第五章

05

遇见北海白塔

——分数乘法

故宫简直就是一座知识的宝库，高小斯和小伙伴们在里面学到了很多，感觉特别充实。出了故宫，走了没多久，小酷卡发现西北方的小山上有个很高的白色建筑，在蓝天的映衬下显得分外漂亮。他好奇地问："那个白色的建筑是什么呀？"

"那是北海公园里的白塔。"高小斯介绍道，"记得《让我们荡起双桨》这首歌吗？歌里唱的白塔就是这座白塔。"

"我很喜欢这首歌。"说着，小雪轻轻哼唱起来，"让我们荡起双桨，小船儿推开波浪。海面倒映着美丽的白塔，四周环绕着绿树红墙……"

小雪唱歌真好听！高小斯和小酷卡被她的歌声感染了，情不自禁地跟着唱。皓天可没工夫唱歌，他正拿着平板电脑查询白塔的资料呢。过了一会儿，他突然发出一声惊呼，三个人停下来，转头惊讶地问："怎么了？"

"我查到了这座白塔的资料，念给你们听听。"皓天端着平板电脑念道，"永安寺白塔，又称北海白塔，位于北海公园永安寺善因殿后山顶，是一座藏式喇嘛塔，由塔基、塔身和塔顶三部分组成，高 35.9 米。塔内藏有舍利，塔的下面有藏井，存有相关的法物和贡物等。"说着，他又指了指屏幕，"白塔前面的善因殿，建筑形式也非常特别，它的殿顶为上圆下方的双重塔，寓意天圆地方。”

“35.9 米，好高啊！”小酷卡用崇拜的眼神仰望着白塔。

“那白塔的底座宽多少米呢？”小雪提出了一个问题，皓天刚要在平板电脑上搜索，高小斯就伸手拦住了他。

“说到‘宽多少米’的话题，我的数学之魂又燃烧起来，忍不住想出道题考考大家了。”只见高小斯装模作样地咳了两声，笑盈盈地说，“已知北海白塔大约高 36 米，假设塔底座的宽是高的 $\frac{1}{2}$，你们说它的底座有多宽呢？”

“小菜一碟！36 米的 $\frac{1}{2}$ 嘛，**根据分数的意义就是把 36 米平均分成 2 份，取其中的 1 份**，也就是 $36÷2=18$，所以塔底座的宽大约是 18 米。”分数的意义皓天记得还是蛮清楚的，这道题难不倒他。

高小斯看皓天这么快就回答出来了，接着说：“你说得很对，$\frac{1}{2}$ 就是平均分成 2 份取其中 1 份的意思，遇到这样的平均分我们可以用除法来计算。其实这个问题还可以直接用乘法：把塔底座的宽看作是塔高的 $\frac{1}{2}$ 倍，遇到‘倍’，就变成乘法了，也就是 $36\times\frac{1}{2}$。你们知道 $36\times\frac{1}{2}$ 怎么计算吗？”

皓天、小雪和小酷卡互相看了看，不约而同地摇摇头。

看见大家一脸迷茫的样子，高小斯笑了笑接着讲道：“我们先把乘法看成加法试试。我们可以把 $36\times\frac{1}{2}$ 看成 36 个 $\frac{1}{2}$ 相加，写成算式就是$\frac{1}{2}+\frac{1}{2}+\cdots+\frac{1}{2}=\frac{1\times36}{2}=\frac{36}{2}=18$。所以，**分数和整数相乘，就是用分子乘整数的积作分子，分母不变。**能先约分的可以先**约分**，再计算起来就简洁了。”

$$36\times\frac{1}{2}=\frac{1\times\overset{18}{\cancel{36}}}{\underset{1}{\cancel{2}}}=18（米）$$

“高小斯，看你这么厉害，我也来考考你。请接招！”小雪也出了

道题，“现在我们知道北海白塔大约高 36 米，也假设白塔底座的宽是塔高的 $\frac{1}{2}$，如果善因殿的宽是白塔底座宽的 $\frac{5}{18}$，那么善因殿的宽是多少米呢？”

“简单！ $18\times\frac{5}{18}=5$（米）。”

这个答案不是高小斯说出来的，而是皓天抢着说的，看来他已经掌握分数和整数相乘的计算方法了。

“还可以列一个综合算式，不直接代入上一题的答案，那就是 $36\times\frac{1}{2}\times\frac{5}{18}$。”高小斯补充道，“这个算式也可以看作从整体把 36 米分成了多少份，又取了其中的几份。这时需要先算式子后面的 $\frac{1}{2}\times\frac{5}{18}$，它可以看成求 $\frac{1}{2}$ 的 $\frac{5}{18}$ 是多少，就是把 $\frac{1}{2}$ 平均分成 18 份，取其中的 5 份，也就是……”

“也就是把整体的 1 平均分成了（2×18）份，取其中的（1×5）份。”高小斯的话音未落，皓天的大脑飞速旋转，边用平板电脑画图，边说出了答案。

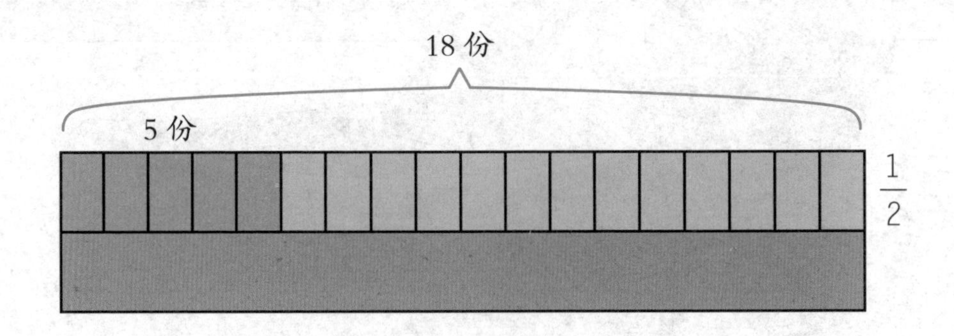

“是的，这时就产生了一个新的分数单位 $\frac{1}{2\times18}$，一共有这样的（1×5）个分数单位，也就是 $\frac{1}{2\times18}\times(1\times5)=\frac{1\times5}{2\times18}$。所以，**分数和分数相乘，就是用分子相乘的积作分子，用分母相乘的积作分母**。记得**先约分**再算更简洁。”高小斯总结道。

$$\frac{1}{2}\times\frac{5}{18}=\frac{1\times5}{2\times18}=\frac{5}{36}$$

$$\overset{1}{\cancel{36}}\times\frac{5}{\underset{1}{\cancel{36}}}=5\text{（米）}$$

乘分术

《九章算术》中有这样一道题：又有田广五分步之四，从九分步之五。问为田几何？答曰：九分步之四。乘分术曰：母相乘为法，子相乘为实，实如法而一。

意思就是有一片田地宽 $\frac{4}{5}$ 步，长 $\frac{5}{9}$ 步，问这块田的面积是多少。答：$\frac{4}{9}$ 平方步。（步：古代用来测量土地的长度单位。）这道题背后是分数相乘的运算法则：分母相乘为除数，分子相乘为被除数，除数除被除数就得到所求结果。

高小斯说完，皓天和小雪情不自禁地为他鼓起掌来。只有小酷卡眨巴着眼睛，挠着脑袋，望着高小斯欲言又止。

“小酷卡，你怎么了？”小雪担心地问。

“咱们几个在这儿算来算去的，算得太阳都快下山了。我想问咱们什么时候安排去看白塔呀？”小酷卡不好意思地吐了吐舌头。

“哈哈哈，别着急，今天有点儿晚了，我们明天去！”高小斯笑着拍了拍小酷卡的肩，皓天和小雪也乐个不停，欢快的笑声回荡在洒着夕阳的大街上。

数学小博士

名师视频课

高小斯和小伙伴们出了故宫又发现了美丽的北海白塔。在高小斯的引导下，大家在研究白塔的塔高、底座的宽和善因殿的宽三者之间关系的过程中，借鉴了整数乘法的意义，掌握了分数乘法的意义和计算方法，体会到了数学知识之间的内在联系。

整数和分数相乘，就是用分子乘整数的积作分子，分母不变。能先约分的可以先约分。

分数和分数相乘，就是用分子相乘的积作分子，用分母相乘的积作分母。能先约分的可以先约分。

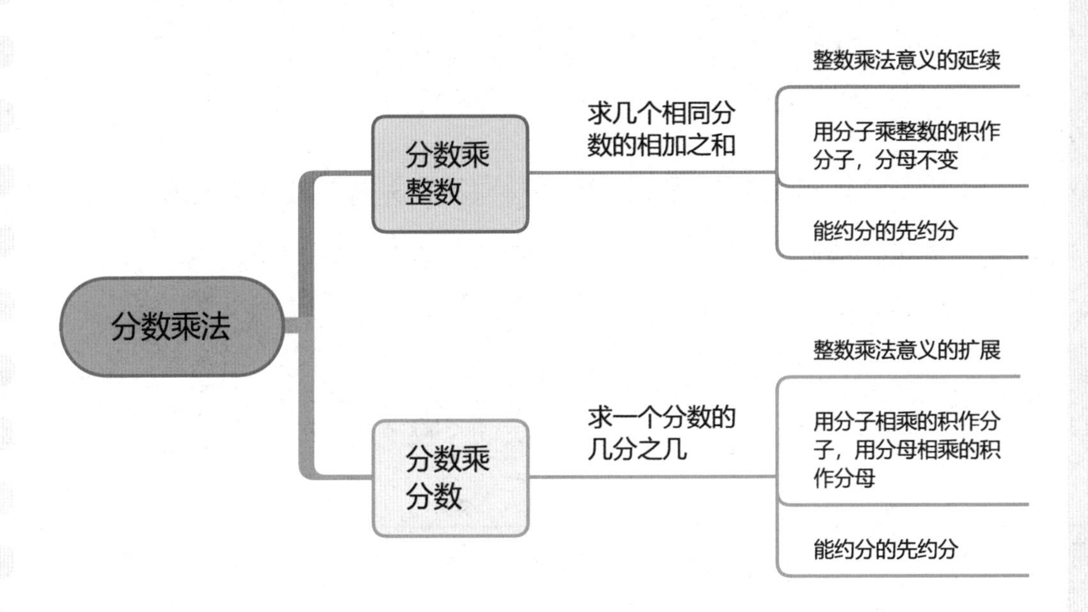

在研究白塔的塔高与底座的宽时，高小斯和小伙伴们分享了分数乘法的相关知识。第二天几个人起了个大早，兴致勃勃地去游览北海公园，近距离仔细地观察了白塔。在白塔下方绕了几圈之后，大家都有点儿累，于是坐在旁边的台阶上休息。高小斯兴致不减，又出了几个关于分数的计算题，让小伙伴们动动脑筋。

（1）$\frac{1}{2}-\frac{1}{3}=\frac{(\quad)}{(\quad)}$　　$\frac{1}{2}\times\frac{1}{3}=\frac{(\quad)}{(\quad)}$

（2）$\frac{1}{4}-\frac{1}{5}=\frac{(\quad)}{(\quad)}$　　$\frac{1}{4}\times\frac{1}{5}=\frac{(\quad)}{(\quad)}$

先计算上面的算式，然后观察每组算式的结果，你能发现什么规律吗？利用这个规律，你能不能快速说出下面这个算式的结果？

$$\frac{1}{1\times2}+\frac{1}{2\times3}+\cdots+\frac{1}{2022\times2023}$$

通过计算我们可以发现：

$$\frac{1}{2}-\frac{1}{3}=\frac{3-2}{2\times3}=\frac{1}{2\times3}$$

$$\frac{1}{4}-\frac{1}{5}=\frac{5-4}{4\times5}=\frac{1}{4\times5}$$

通过画图可以更加直观地得到整个过程：横看每行是整个长方形的$\frac{1}{2}$，包括3个小长方形；竖看每列是整个长方形的$\frac{1}{3}$，包括2个小长方形。3个小长方形减去2个小长方形就是1个小长方形，而一个小长方形就是整个长方形的$\frac{1}{6}$。同样的道理可以得到$\frac{1}{4}-\frac{1}{5}$。

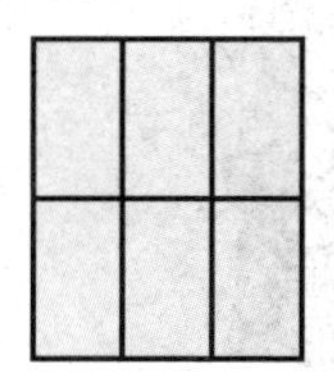

也就是说，如果分母是相邻的非零自然数，而分子都是1的两个分数，它们的差等于它们的积。这个规律用字母来表示就是$\frac{1}{n}-\frac{1}{n+1}=\frac{1}{n\times(n+1)}$。

$$\frac{1}{1\times2}+\frac{1}{2\times3}+\dots+\frac{1}{2022\times2023}$$

$$=1-\frac{1}{2}+\frac{1}{2}-\frac{1}{3}+\dots+\frac{1}{2022}-\frac{1}{2023}$$

$$=1-\frac{1}{2023}$$

$$=\frac{2022}{2023}$$

第六章

06

领略天坛巧思

——分数除法

高小斯和小伙伴们用一上午的时间逛完了北海公园，吃过午饭，高小斯决定带大家去看一看天坛。

小雪不解地问："北京有很多了不起的古建筑，为什么下一站选择去天坛呢？"

高小斯前不久刚看了一本关于天坛的书，便和大家分享："因为天坛很有代表性，它是明清两代皇帝为了祭天和祈雨而建造的，是我国现存最大的古代祭祀性建筑群。据我所知，明清时期一共有 22 位皇帝曾经在天坛举行过 654 次祭祀大典。天坛从内而外都透着庄严与神秘，有一种超乎寻常的魅力。"

皓天听完迫不及待地说："那真是太棒了！咱们现在就去天坛吧！"小雪和小酷卡也都连连点头表示同意。

四个小伙伴从南门进入天坛公园，首先看到的是南边的圜丘坛。只见空旷的场地中有一堵圆形的围墙，围墙中间是一个三层的露天圆台，每一层圆台周边都围着汉白玉的栏杆和栏板，上面雕刻着精美的云龙图案，圆台四个方向上都有台阶。

几个人拾级而上，到达最上层，发现光滑的地面中心有一块凸起的圆形石板。

小雪好奇地问道："为什么会有这样的设计呢？"

皓天连忙掏出平板电脑搜索资料，然后对小伙伴们说："这个叫作天心石，在天心石上发出的声音，会格外响亮。"

这句话激发了小雪的好奇心，她立马跑到天心石上，叫了声："小酷卡！"果然她听见自己的声音变得特别响亮。这也太好玩了！大家不停地尝试呼唤同伴的名字，玩得不亦乐乎。

皓天拿着平板电脑继续给大家介绍："其实这是利用了回声的原理，由于圜丘坛的半径较短，所以回声很快。据测试，从发出声音到

声波返回到圆心，总共需要 0.07 秒，所以站在天心石上的人听起来，声音会格外响亮。”

听完皓天的话，小伙伴们纷纷赞叹圜丘坛的设计可真巧妙。

高小斯补充道：“圜丘坛的主要用处是祭天，所以它的设计很有特色，建成了内圆外方的样子，以象征天圆地方。而且我知道天坛的建筑设计里还用到了一些奇妙的数字，我们一起去找找看吧！”

小伙伴们顿时来了精神，在圜丘坛的四周仔细观察了起来。不一会儿，就听见小酷卡喊道："我发现了，每层的台阶都是 9 级。"

话音刚落，小雪那边也喊起来："我也发现了，天心石的外面铺了 9 圈石板，每一圈石板的块数从里到外依次递增，分别是 9 块、18 块、27 块……一直到最外圈的 81 块，都是 9 的倍数。"

皓天用的时间比较长，他在数汉白玉栏板。数了一会儿，他抬起头说："三层栏板的数目分别是 36 块、72 块、108 块，也全是 9 的倍数。"

小雪忍不住感慨起来："古人真是对'9'这个数字情有独钟啊，很多地方都能看见它的身影。咱们之前在故宫里就感受到了。"

皓天点点头："是的。而且'9'这个数字在这里也算应景了，既象

征天高九重，又寓意皇权至高无上。”

几个人正说得热闹，高小斯拿着平板电脑操作了一会儿，然后抬起头说：“根据资料记载，这个三层圆台最上面一层的直径是 9 丈，那时的一丈大约是 3.33 米，它是第二层直径的 $\frac{3}{5}$，最底层直径的 $\frac{3}{7}$。那么，问题来了，第二层的直径是多少？最底层的直径又是多少呢？”

高小斯冷不丁这么一问，把小伙伴们问糊涂了。大家皱眉的皱眉，挠头的挠头，眨眼的眨眼，开始思考高小斯突然出的这道题，一时间几个人都安静了下来。这时，高小斯从背包里拿出纸和笔，画起了线段图。

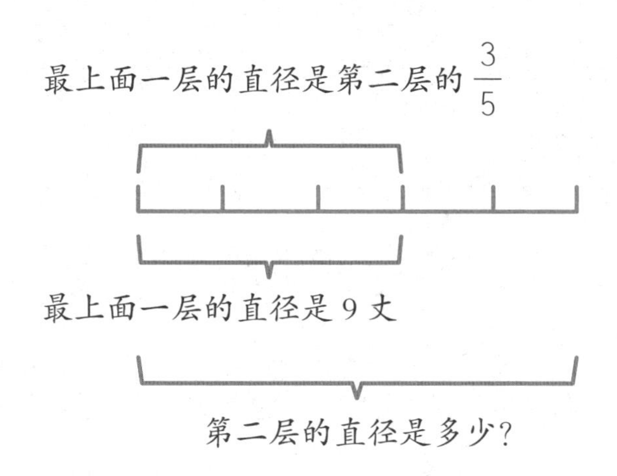

小雪看着线段图，有了思路：“这样看上去就一目了然了。已知最上面一层的直径是第二层直径的 $\frac{3}{5}$，前面我们在研究分数乘法的时候，已经知道要想求一个数的几分之几，可以用这个数乘几分之几来计算，所以能列出算式：第二层的直径 $\times\frac{3}{5}=$ 最上面一层的直径。因此，要想求第二层的直径，用 $9\div\frac{3}{5}$ 就可以了。可是我只会算分数的乘法，分数的除法应该怎么计算呢？”

高小斯点点头，接着说道：“从图中来看，第二层的直径被平均分成了5份，最上面一层占了3份，这3份就是9丈，那么1份就是9÷3=3（丈），5份就是3×5=15（丈）。”

他边说边在旁边写下算式：

$$9\div3\times5=15$$

看着这个算式，小雪联想到了分数的乘法，她说：“已知3份的量，求其中的1份，不就是求$\frac{1}{3}$是多少吗，那也就是乘$\frac{1}{3}$。这样一来，刚才这个算式就可以改成$9\times\frac{1}{3}\times5$了。分数乘法我们都会算。”只见她拿起笔，也写下算式：

$$\overset{3}{\cancel{9}}\times\frac{1}{\underset{1}{\cancel{3}}}\times5=3\times5=15$$

皓天看着小雪的算式恍然大悟：“我明白了，可以通过分数的乘法来计算分数除法，除以$\frac{3}{5}$可以最终转化成乘$\frac{5}{3}$。”他在小雪的算式后写下：

$$9\div\frac{3}{5}=9\times\frac{1}{3}\times5=\overset{3}{\cancel{9}}\times\frac{5}{\underset{1}{\cancel{3}}}=15$$

高小斯的眼睛在几个算式间来回看了几遍，想了想又补充道：“其实还有一种计算方法。我们以前学过，在**除法算式中，被除数**

和除数同时乘一个不为 0 的数，商不变。那么，我们可以给 $9 \div \frac{3}{5}$ 的被除数和除数同时乘以 $\frac{5}{3}$，这样除数就变成了 1，**除法算式**就**转化**成了**乘法算式**。”

$$
\begin{aligned}
9 \div \frac{3}{5} &= \left(9 \times \frac{5}{3}\right) \div \left(\frac{3}{5} \times \frac{5}{3}\right) \\
&= \left(9 \times \frac{5}{3}\right) \div 1 \\
&= 9 \times \frac{5}{3} \\
&= 15
\end{aligned}
$$

他写下算式后继续说道：“这两种方法都是把分数的除法转化成乘法再计算。也就是说，**一个数除以一个分数，等于乘上这个分数的倒数**。”

“倒数是什么？”小酷卡眨巴着眼睛问。

“**乘积是 1 的两个数互为倒数**，比如 $\frac{3}{5} \times \frac{5}{3} = 1$，那么，$\frac{3}{5}$ 的倒数就是 $\frac{5}{3}$，$\frac{5}{3}$ 的倒数就是 $\frac{3}{5}$。”高小斯很乐意为他解惑。

此时的皓天突然一拍巴掌，把大家吓了一跳。他激动地说：“这下我全明白了，圆台最底层的直径我也会算了！跟算第二层一样，列出算式 $9 \div \frac{3}{7}$，等于 9 乘 $\frac{3}{7}$ 的倒数 $\frac{7}{3}$，等于 21，也就是 21 丈。”

看着大家把分数除法已经掌握得这么好了，高小斯开心地总结道：“非常正确！所以，圜丘坛的三层圆台，从上到下，直径分别是 9 丈、15 丈和 21 丈，它们的直径总和是 45 丈，也正好暗合‘九五之尊’的意思。是不是很神奇？”

“哇，圜丘坛里的数学奥秘可太有意思了，我们还学到了新知识，不虚此行！”皓天已经热血沸腾，小雪和小酷卡也纷纷点头。

离开圜丘坛，四个小伙伴向北而行，走了一段路后逐渐映入眼帘的就是祈年殿了。祈年殿是三重檐的圆殿，殿高38.2米，直径24.2米，底下部分是三层围着汉白玉栏板的圆坛，圆坛的南北正中都有台阶，台阶上镶嵌着龙凤呈祥主题的浮雕。走近看祈年殿，感觉整座大殿高耸入云端，有种震撼人心的巍峨气势。

圜丘坛西侧有一所斋宫，在它东北角的钟楼里，高小斯他们还看到了高悬着的太和钟。高小斯告诉大家，皇帝祭天时，从斋宫起驾就

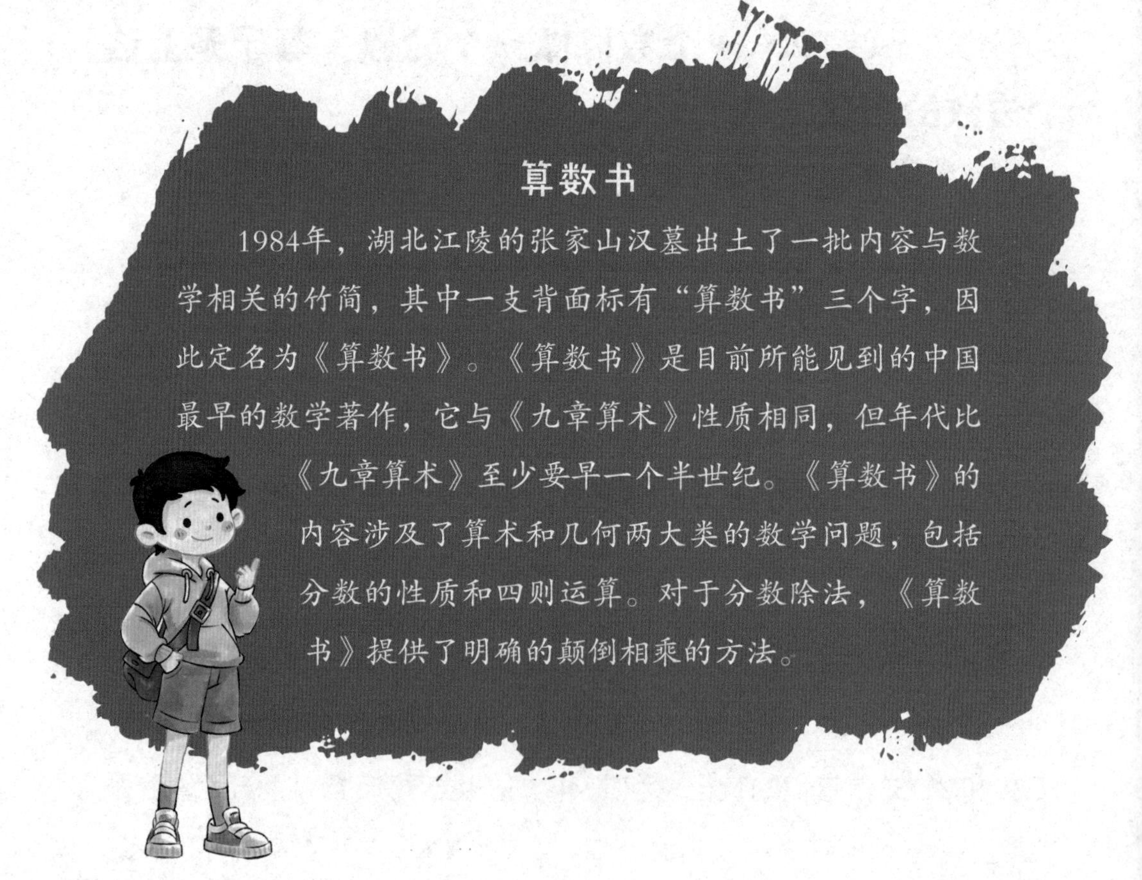

算数书

1984年，湖北江陵的张家山汉墓出土了一批内容与数学相关的竹简，其中一支背面标有“算数书”三个字，因此定名为《算数书》。《算数书》是目前所能见到的中国最早的数学著作，它与《九章算术》性质相同，但年代比《九章算术》至少要早一个半世纪。《算数书》的内容涉及了算术和几何两大类的数学问题，包括分数的性质和四则运算。对于分数除法，《算数书》提供了明确的颠倒相乘的方法。

开始鸣钟，等皇帝到达圜丘坛钟声才停，祭祀典礼结束时钟声会再次响起。望着太和钟，大家的思绪仿佛也飘到了祭祀大典上……

在天坛，高小斯和小伙伴们领略了古代建筑的魅力，感受到了历史的厚重。他们都相信，天坛的历史和文化将会一直传承下去，成为中华文明的一张闪亮名片。

数学小博士

高小斯和小伙伴们在游览了北海公园之后，又来到了天坛。在研究圜丘坛三层圆台直径关系的过程中，大家体会了分数除法的意义，理解了分数除法的计算原理，掌握了计算方法。

乘积是 1 的两个数互为倒数，知道了倒数的概念，可以为分数除法的计算扫清障碍。高小斯和小伙伴们通过观察和操作，将数与形结合，总结出分数除法的基本计算方法：一个数除以一个分数，等于乘上这个分数的倒数。

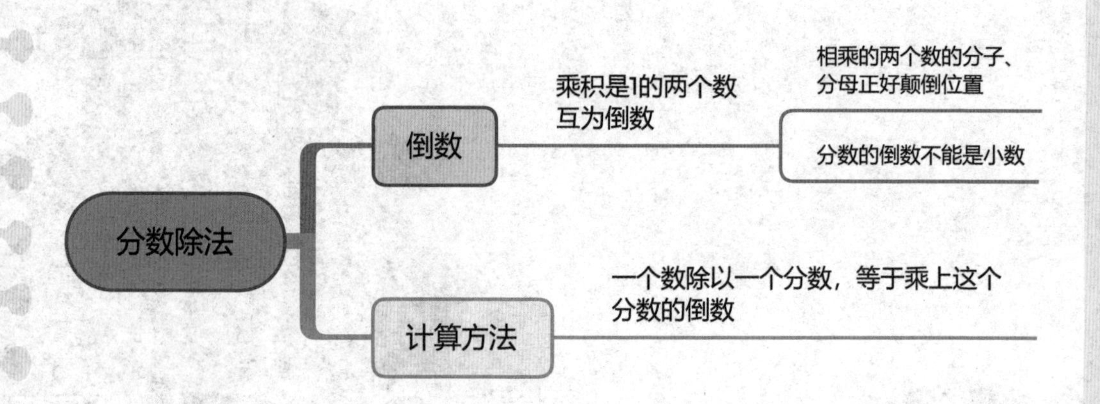

天坛公园很大，大家逛得有些累了。在休息时，为了帮助小伙伴们巩固刚刚学到的分数除法的知识，高小斯设计了一个计算卡给小伙伴们玩。只见他拿出一张纸开始写写画画，不一会儿便做好了。

动手试一试，看看你是不是也掌握了分数除法。

按下面的步骤计算，再把最后的结果与开始的数做比较，你能发现什么？你知道为什么吗？

$$\frac{7}{13} \xrightarrow{\div\frac{3}{2}} (\quad) \xrightarrow{\div\frac{2}{9}} (\quad) \xrightarrow{\times\frac{1}{3}} (\quad)$$

按照指定的步骤计算后，我们会发现一开始的数是$\frac{7}{13}$，最后的数也是$\frac{7}{13}$。为什么会这样呢？我们来看看中间这些数之间的关系：开始的数经过了三次乘或除，即“$\div\frac{3}{2}\div\frac{2}{9}\times\frac{1}{3}$”，也就是“$\times\frac{2}{3}\times\frac{9}{2}\times\frac{1}{3}$”，这样的三个分数相乘可以先进行约分，约分之后的结果是1，所以算式的最终结果依然是开始的数$\frac{7}{13}$。

第七章

07

访西安古城墙

——分数混合运算

从天坛公园出来，大家坐上“梦想号”飞船准备先回家休整一阵儿。时间过得还真快，高小斯和小伙伴们已经连续探索了五处古建筑。

在家休息了几天，四个小伙伴都对探索之旅更加迫不及待。于是，这天，高小斯再次召集皓天、小雪和小酷卡：“我们做好计划，可以在假期里多参观一些不同的古建筑。”

皓天这几天迷上了看历史书，他念叨着：“我刚看见一句话，叫‘国之大事，在祀与戎’。意思是说一个国家最重要的大事，在于祭祀与军事。咱们刚参观过用于祭祀的天坛，现在是不是去看看古代的军事防御建筑？”

“那就去看看古城墙吧。”小雪这几天借住在高小斯家，跟这三个新结识的小伙伴已经打成一片，“我在电视上看见过古城墙，又高又厚，古时候有很强的防御性，现在是更具观赏性了。”

高小斯查了下资料，说：“嗯，古城墙是古代的军事防御设施，是古人为了守护自己的家园，使用土木、砖石等材料，在城池四周建起来的建筑。我国保留着很多古城墙，其中现存规模最大、保存最为完整的，是西安古城墙。”

高小斯的话激起了大家的兴趣，于是四个小伙伴乘坐“梦想号”

飞船，很快就到了陕西省的省会城市——西安。

高小斯和小伙伴们来到城墙下，只见大而厚实的青砖层层垒砌成十多米的高墙，看上去稳固如山。他们所在的永宁门位于正南，一走进去，大家就感觉自己被四周的墙壁包围了。皓天忍不住感叹道："这也太壮观了吧！"高小斯笑着说："这里只是一个小小的瓮城而已，咱们还没看到完整的古城墙呢。"

看着高耸入云的城墙，对工程知识很感兴趣的皓天想到了一个问题：“为什么西安古城墙会这么坚固、保存这么完整呢？”

高小斯拿出平板电脑搜索了一下，向大家解释道：“这和城墙的建筑工艺有关。最初的西安城墙是用黄土分层夯打而成的，它的最底层用了土、石灰和糯米汁混合夯打，所以底座特别坚硬、稳固……”

高小斯话音未落，心急的皓天就反驳道：“不对吧？这明明都是青砖啊，怎么会是黄土呢？”

“别急，我还没说完呢。后来到了明代，修复城墙时人们将整个城墙外壁和顶面都砌上了青砖，因此城墙就变得更加坚固了。再加上城墙上有强大的排水系统，这些都使城墙得以完整保存。”

这时，一旁仰望着城墙的小雪突然说：“我发现这座城墙的外墙面不是垂直的，而是越往上越向内收，这大概也是它稳固的一个原因吧。”

高小斯看了看平板电脑，点点头：“是的，根据测量，城墙顶部最宽的地方有将近 15 米，而底部的宽度比顶部多 $\frac{1}{5}$ 呢。”他突然抬起头，看向三个小伙伴，“提问！城墙的底部宽多少米？”

皓天愣了一下，想了想说：“关于这道题，咱们还是先画个线段图吧。”小酷卡举着手说：“同意！现在我也明白了，**做数学题时，画图是很好的解题方法**。”

“这个我会画。”小雪掏出纸笔，迅速画出了这道题的线段图，然后笑着看向高小斯，“有请高老师来讲一讲吧！”

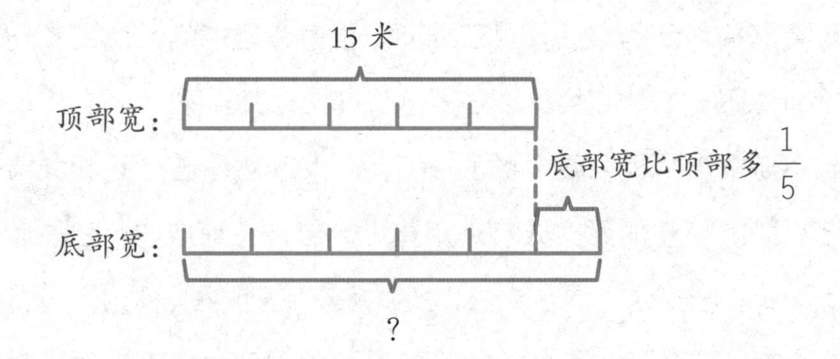

高小斯竖起大拇指给小雪比了个“赞”，接着指着图讲道：“你们看，这里多出来的部分就是顶部宽 15 米的 $\frac{1}{5}$，我们可以先算出这一部分是多少，就是 $15\times\frac{1}{5}=3$（米），再加上前面和顶部宽相同的部分，就是——”说着，他在纸上写下一个算式。

$$15+15\times\frac{1}{5}=15+3=18（米）$$

高小斯边写边说：“在这个综合算式中，要记得**分数混合运算**

的顺序和整数混合运算的顺序相同，需要**先算乘法，再算加法**。”

小雪看着线段图有不一样的思考，她说：“我们也可以先求出底部宽是顶部宽的几分之几，也就是把顶部宽看成单位‘1’，底部宽比它多了 $\frac{1}{5}$，那底部宽就是顶部宽的（$1+\frac{1}{5}$），算式应该是这样的。”说着，小雪也写下算式。

$$15\times(1+\frac{1}{5})=15\times\frac{6}{5}=18\text{（米）}$$

小雪也不忘叮嘱：“在这个综合算式中，运算的顺序也和整数混合运算的顺序相同，需要**先算括号里的，再算括号外的**。”

高小斯补充道：“我们思考时的切入点不一样，所以算式会不一样，但结果一样。”只见他拿着笔，把两个算式之间画上了等号。

$$15\times(1+\frac{1}{5})=15+15\times\frac{1}{5}$$

“嘿，这不就是乘法分配律吗？难道整数的运算律对分数也同样适用？”皓天观察了几秒，突然发现了这个等式背后的规律，“小雪，我们再写几个算式验证一下吧！”

皓天提笔写下了三组算式，他和小雪一人计算左边，一人计算右边，最后发现计算结果是一样的。

皓天高兴得几乎蹦起来，笑着说：“通过举例验证，我们发现**整数乘法的交换律、结合律和分配律，在分数乘法中同样适用**！”

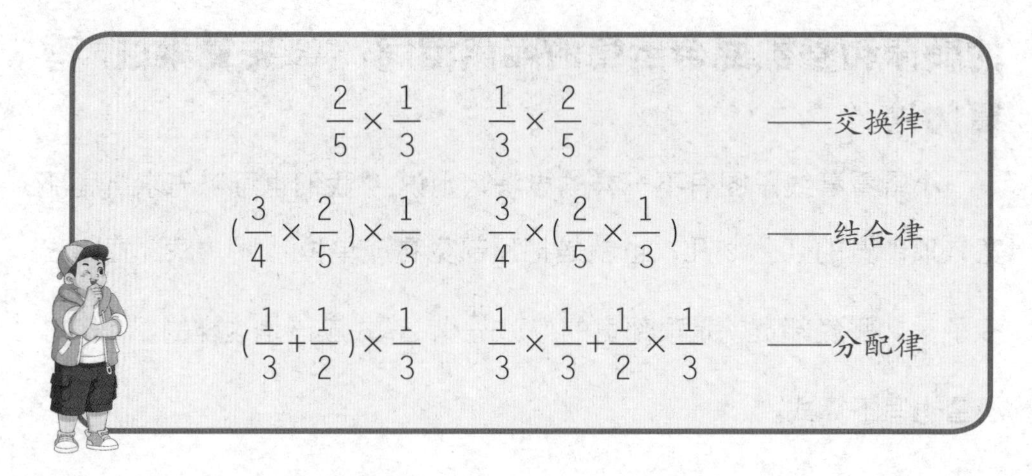

$$\frac{2}{5}\times\frac{1}{3} \qquad \frac{1}{3}\times\frac{2}{5} \qquad \text{——交换律}$$

$$(\frac{3}{4}\times\frac{2}{5})\times\frac{1}{3} \qquad \frac{3}{4}\times(\frac{2}{5}\times\frac{1}{3}) \qquad \text{——结合律}$$

$$(\frac{1}{3}+\frac{1}{2})\times\frac{1}{3} \qquad \frac{1}{3}\times\frac{1}{3}+\frac{1}{2}\times\frac{1}{3} \qquad \text{——分配律}$$

小酷卡看他们终于结束讨论了，赶紧插话说："刚才你们说城墙的顶部宽就有 15 米，都可以开车了，真是太壮观了。咱们快去看看完整的古城墙吧！"其他三人一致同意，于是高小斯收好东西，带着小伙伴们一鼓作气顺着台阶向城墙顶部攀登。

登上城墙，大家才发现完整的城墙是一个长方形。小酷卡从平板

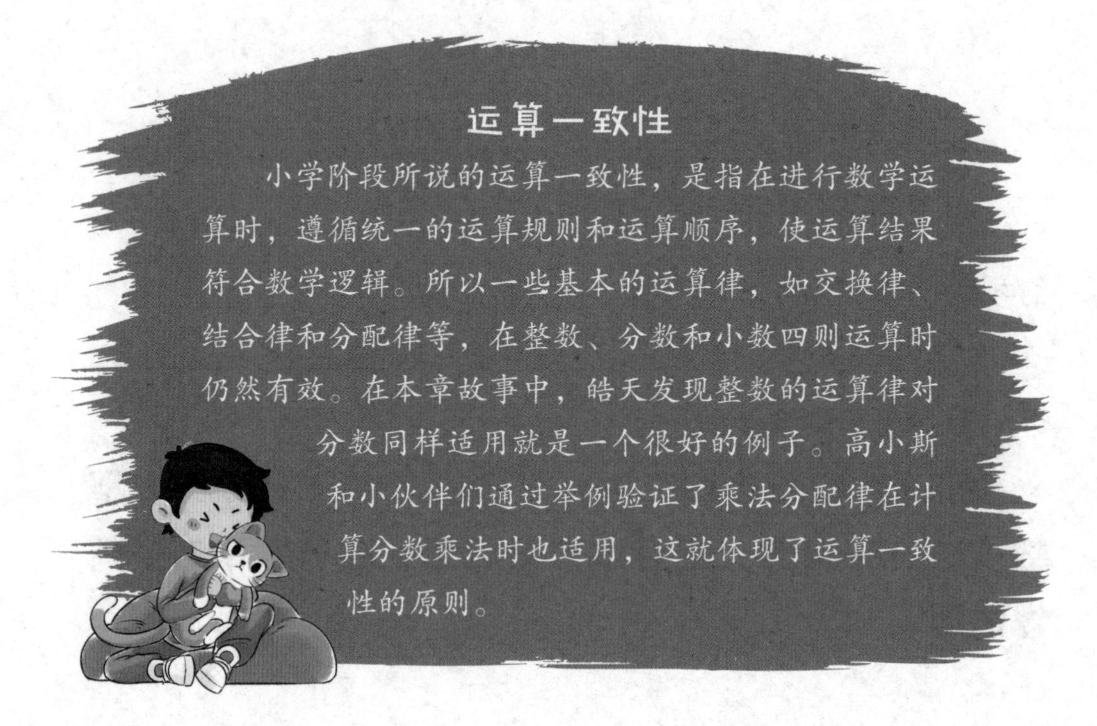

运算一致性

小学阶段所说的运算一致性，是指在进行数学运算时，遵循统一的运算规则和运算顺序，使运算结果符合数学逻辑。所以一些基本的运算律，如交换律、结合律和分配律等，在整数、分数和小数四则运算时仍然有效。在本章故事中，皓天发现整数的运算律对分数同样适用就是一个很好的例子。高小斯和小伙伴们通过举例验证了乘法分配律在计算分数乘法时也适用，这就体现了运算一致性的原则。

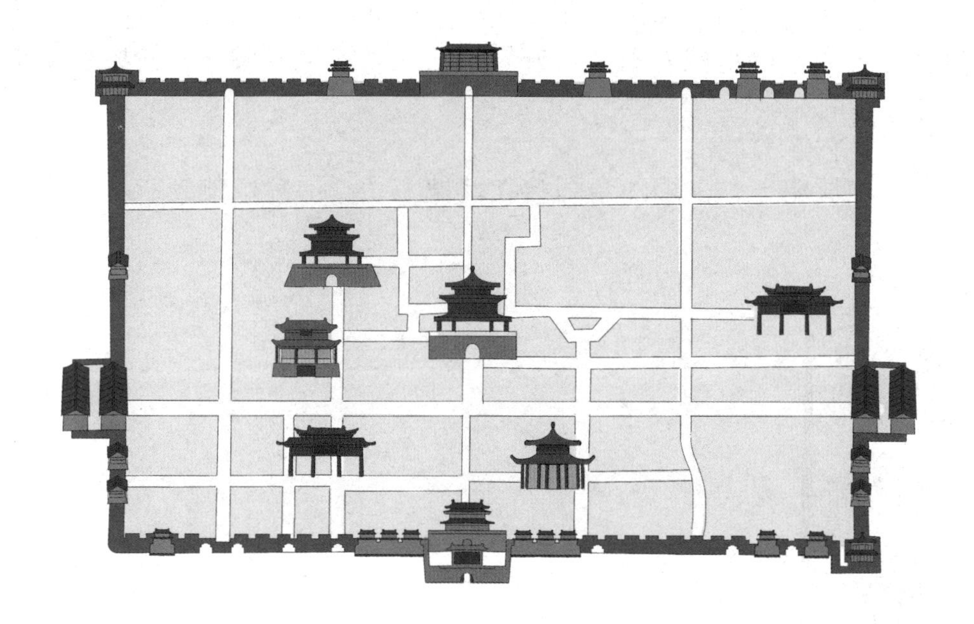

电脑里调取出资料，发现城墙的总周长大约是 13.74 千米，完整走一圈大约需要三四个小时呢！

他们在城墙顶部宽阔的路面上慢慢前行，发现城墙四角都有突出城外的角台，角台上修有高大的角楼。

皓天对军事小有研究，兴致勃勃地说："这些角楼就像是这座城的标志，让人从远处就能看到城的位置。同时，它也是一种防御性设施，在里面可以观察敌情，也可以射箭或打枪，这些都说明角楼在战争中的地位是非常重要的。"

小雪四下望了望，问道："城墙外侧修了垛口，战争时候可以用于射箭、瞭望。但是内侧矮墙却没有垛口，是不是担心士兵行走时不小心跌下来呢？"

高小斯想了想，说："有这个可能。你们发现了吗？城里还建了好多处马道，就是这种没有台阶的斜坡，应该是方便战马上下的。而且，打仗时士兵可以从城内四面八方登上城头。这样的设计，使城墙的防御性更强了！”

站在城墙上，夕阳的余晖给大地披上了一层金色的外衣。四个小

伙伴停驻在角楼旁向外望去，想象着金戈铁马、鏖战厮杀的古战场。古老的西安城墙，向人们讲述着它在战争中的作用，展示着古人的智慧。对高小斯他们来说，它是凝固的历史，见证了西安这座城市的沧桑与辉煌。

数学小博士

高小斯、皓天、小雪和小酷卡在探访西安古城墙的过程中掌握了分数混合运算的运算顺序，并且发现分数混合运算的运算顺序和整数混合运算的顺序是相同的。当算式中没有括号，都是同级运算时，应从左至右依次计算；如果是两级运算，需要先算乘除法，再算加减法。当算式中包含括号时，需要先对括号里的部分进行计算。同时，高小斯和小伙伴们发现整数四则运算的运算定律在分数四则运算中同样适用。

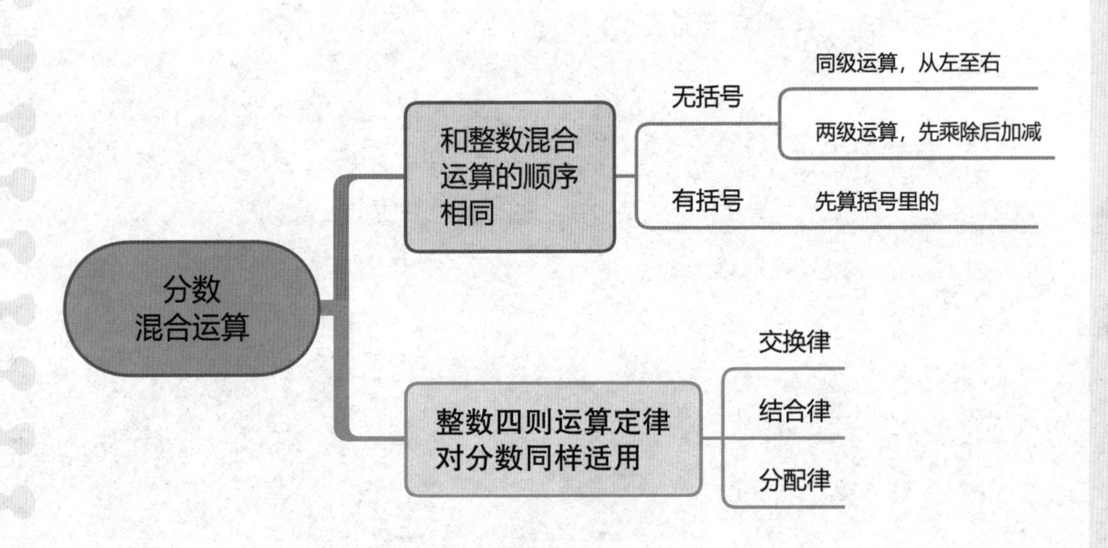

在探访西安古城墙之后，小雪借用“梦想号”飞船让小酷卡送她回福建家里探望了爷爷。随后，她准备与高小斯他们会合继续探秘之旅。临走时，她和爷爷一起做了一些中国结作为礼物带给小伙伴们。他们做了两种不同样式的中国结，第一种样式每个需要用 $\frac{1}{2}$ 米的红绳，第二种样式每个需要用 $\frac{4}{5}$ 米的红绳，两种样式的中国结他们各做了 2 个，那么一共要用多少米的红绳？

你会列一个综合算式来计算吗？

这道题有两种思路。

第一种思路是先算每种样式的中国结需要多少红绳，再相加。

$$\frac{1}{2}\times 2+\frac{4}{5}\times 2=1+\frac{8}{5}=2\frac{3}{5}（米）$$

第二种思路是把两种样式的中国结每样一个当成一组，先算一组需要多少红绳，再算这样的两组需要多少红绳。

$$(\frac{1}{2}+\frac{4}{5})\times 2=\frac{13}{10}\times 2=\frac{13}{5}=2\frac{3}{5}（米）$$

第八章>

黄鹤楼与仙鹤

——百分数和扇形统计图

“西安城墙看过了，美食也吃过了，接下来我们要去哪儿？”皓天对未来的旅途充满了期待。

这时，一个妈妈带着孩子从他们身旁经过，那个孩子手里拿着糖葫芦，正在向妈妈炫耀刚刚背会的一首诗：“昔人已乘黄鹤去，此地空余黄鹤楼。黄鹤一去不复返，白云千载空悠悠……”高小斯一拍巴掌，笑道：“有了！我们去黄鹤楼！”

又是一场说走就走的旅行，高小斯和小伙伴们乘坐着“梦想号”飞船很快就来到了位于湖北省武汉市的黄鹤楼。小酷卡把飞船停在不远处的空地上，下了飞船大家就说说笑笑地向黄鹤楼走去。

走近黄鹤楼，他们一下子就被这美丽的建筑吸引了。黄鹤楼共有五层，黄瓦红柱，层层飞檐凌空，看上去非常雄伟壮观，在阳光的照耀下更显得金碧辉煌。远处则是烟波浩渺、一望无际的长江。小雪情不自禁地感叹道：“这里的景色好美呀，怪不得诗人们喜欢在这里作诗呢！”

“你们知道这座楼为什么叫黄鹤楼吗？”高小斯收回目光，转头问道。

“我猜——”小酷卡抢着说，“因为这里有仙鹤。”

“民间的确相传曾经有一位仙人坐在一只黄鹤身上飞到过这里。”高小斯点点头。

“要是能看见黄鹤就好了。”皓天满怀期待地说。

“这个传说我也知道。不过，黄鹤是传说中的一种仙鹤，现实中没有黄色的鹤，我们现在说的仙鹤一般是指丹顶鹤。”小雪对生物知识更了解一些，“给你们科普个小知识：丹顶鹤是候鸟，需要迁徙，而且它们对于栖息地的要求很高。现在很多地方都可以人工繁殖丹顶鹤啦！”

“那就意味着哪里的绿化好、绿地面积大，仙鹤在哪里出现的可能性就大。”说到这里，高小斯又转头对小酷卡说：“小酷卡，你帮我查一下黄鹤楼的绿地面积吧。”

黄鹤楼

小酷卡掏出平板电脑，快速找到了黄鹤楼的官方网站，从上面搜索到了许多资料。他盯着屏幕，手里不断操作着，筛选有用的信息。随着他的操作，最后屏幕上显示出这样一段话：

黄鹤楼公园位于武汉市武昌区的蛇山之上，整个蛇山面积为 40.3 公顷，绿地面积 35.6 公顷，全园绿地率为 88.34%。

通过我们的调查统计，蛇山西区绿地面积 13.4 公顷，绿地率 74%；蛇山东区绿地面积 20.15 公顷，绿地率 91.6%。

“我可以看懂绿地面积，这表示绿地覆盖范围的大小，可是……”小酷卡忽然停下来，指着这段文字中的**“%”**好奇地问，“这个符号是什么意思？”

“这个是**百分号**，**表示百分比的符号**。把它加在数值的后面就成了**百分数**，如屏幕上那几个数，88.34%、74%、91.6%。”高小斯解释说，“百分数**表示一个数是另一个数的百分之多少**，也叫作**百分率**或**百分比**。读的时候先读百分号，**读作‘百分之……’，再读前面的数字**。”

小酷卡挠了挠头，还是觉得不太懂。

“你看这里说‘整个蛇山面积为 40.3 公顷，绿地面积 35.6 公顷，全园绿地率为 88.34%’。”小雪指了指屏幕上出现的第一个百分数，“88.34% 的意思就是每 100 公顷的土地中，有 88.34 公顷的土地是绿地。”

“是的，就是这个意思。”高小斯对小雪的说法表示赞同。

“我懂了，所以后面的‘蛇山西区绿地面积 13.4 公顷，绿地率

74%’就意味着每 100 公顷的土地中，有 74 公顷的土地是绿地。”小酷卡听明白了。

“我也懂了，那‘蛇山东区绿地面积 20.15 公顷，绿地率 91.6%’就意味着每 100 公顷的土地中，有 91.6 公顷的土地是绿地。”皓天的脑子也不慢。

“那这个绿地率是怎么计算出来的呢？”小酷卡很想知道。

高小斯说：“很简单，**百分数和分数一样表示的是部分占整体的比例**，那么用绿地面积除以总面积，就可以得出绿地的占比了。对了，最后别忘了把结果化成百分数。”

皓天灵机一动，说道：“也就是说，如果用绿地面积除以它对应的百分比，就能得出总面积喽。”

百分比＝绿地面积÷总面积×100%

总面积＝绿地面积÷百分比

“没错，就是这么算。”高小斯笑着点头，又竖起大拇指说，“可以呀，皓天，我对你刮目相看了！”

皓天尝试着用全园绿地率对高小斯的公式进行检验：“绿地面积 35.6 公顷，除以蛇山的总面积 40.3 公顷，全园绿地率就是 35.6÷40.3×100% ≈ 88.34%。”

“因为计算出的绿地率不能整除，所以四舍五入后保留了两位小数，官网中的这几个数据也是**四舍五入**后得出来的，不是准确数。”高小斯补充说。

小雪也跃跃欲试，想要知道西区的总面积是多少："蛇山西区的绿地面积是 13.4 公顷，绿地率是 74%，总面积就是 13.4 ÷ 74%，这可怎么计算呢？"她算到一半就犯了难。

"$74\%=\frac{74}{100}$，所以 $13.4\div74\%=13.4\div\frac{74}{100}=13.4\div0.74\approx18.11$ 公顷。"高小斯巧妙地把百分数转化成了分数，又转化成了小数，让这个算式变成了他们熟悉的样子。

"我有一个疑问。"皓天突然说，"蛇山总面积 40.3 公顷，绿地面积 35.6 公顷，不用计算出占比，我也能直接通过比较知道绿地面积很大，那为什么还要计算出绿地率这个百分数呢？"

"这是一个好问题。"高小斯夸奖道。

"我猜，这样看起来更明晰，说不定还有一些暗含的信息。"小雪大胆猜测。

"怎么说？"皓天和小酷卡都没想明白。

"或许把这些数据换成统计图，就能更直观地看出来。"高小斯想了想，抬头问小酷卡，"有没有什么统计图，可以表示出各部分数量和总量之间的关系呢？"

"我查查……条形统计图……折线统计图……找到了，扇形统计图可以！"有了新发现的小酷卡激动地喊道，"可以用整个圆表示总数，用圆内扇形的大小表示绿地面积占总面积的百分比。"

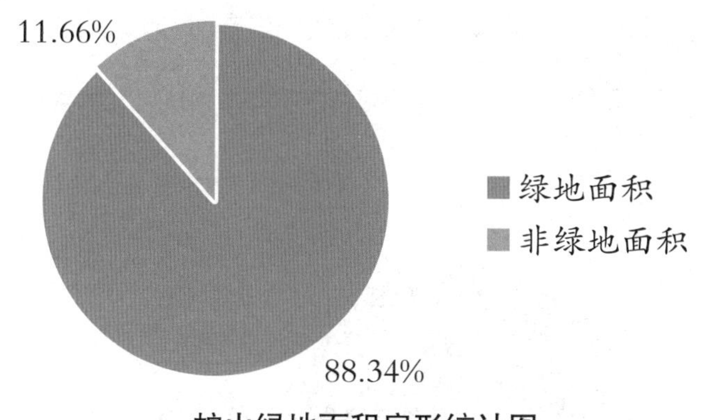

蛇山绿地面积扇形统计图

高小斯接过平板电脑看了看，说："是的，**扇形统计图**可以用**整个圆表示总数**，用**圆内各个扇形的大小表示各部分数量占总数的百分比**。通过扇形统计图可以很清楚地表示出**各部分数量同总数之间的关系**，所以'绿地率 88.34%'能更直观地表现绿地与非绿地面积的关系。"

"条形统计图可以通过数量的多少调整竖条的高度，那扇形统计图我们应该怎么去画呢？"皓天想要自己尝试画一画扇形统计图。

"扇形面积应该和其对应的圆心角是有关系的。"高小斯一眼就看出了里面的门道，"扇形面积越大，圆心角的度数越大；扇形面积越小，圆心角的度数越小。扇形所对圆心角的度数与百分比的关系应该是：**圆心角的度数 = 360° × 百分比**。"

"所以，我们可以这样去**绘制扇形统计图**。"善于总结规律的小雪接着说，"首先，计算各部分数量占总数量的百分比；然后，计算相应的扇形圆心角的度数，也就是'360° × 百分比'；接着，画适度大小的圆，并按圆心角的度数度量后画出各部分扇形；最后，注明相应的百分比，各部分的名称可以注在图上，也可以用图例表明。"

听完小雪的介绍，大家纷纷称赞，而后皓天从平板电脑的画图程序里调出圆规和量角器，开始画起蛇山西区和东区的绿地面积扇形统计图。

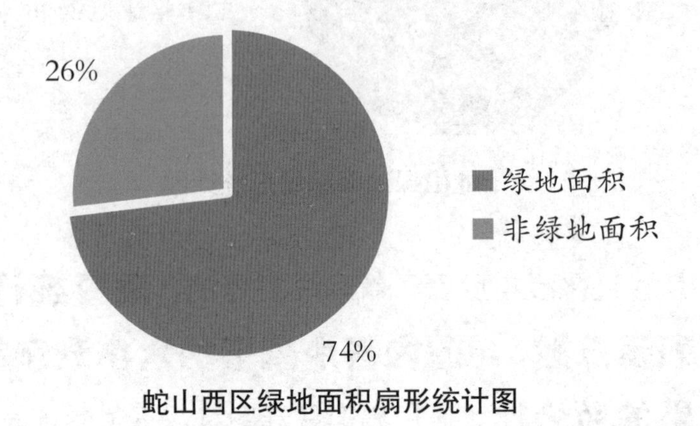

蛇山西区绿地面积扇形统计图

8.4%

绿地面积

非绿地面积

91.6%

蛇山东区绿地面积扇形统计图

“根据蛇山西区和东区的绿地面积扇形统计图，我们可以看出，东区的绿地面积占比要比西区的大。”高小斯说。

“难怪听人说在东区游玩的时候曾见到了仙鹤，看来那里更适合仙鹤生活。”小雪说。

“快看，有仙鹤！”小酷卡忽然指着天空喊道。大家顺着他指的方向抬头看去，只见一只仙鹤正从他们不远处飞过。

“我们去东区近距离看看仙鹤吧。来黄鹤楼看仙鹤，更不枉此行。”高小斯建议道。

大家纷纷表示赞同，于是高小斯、皓天、小雪和小酷卡跟随着仙鹤的身影，迈着大步向蛇山东区走去。

扇形统计图

扇形统计图也称饼图，通常用圆或圆柱两种图形来表示。绘图时，各部分的图形可以分离也可以不分离。无论是哪一种画法，扇形统计图都能清楚地表示出各部分数量与总数量之间的关系，在生活中应用广泛。

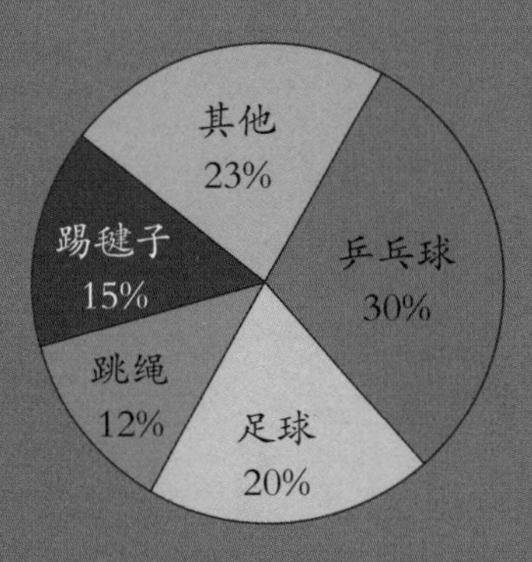

六（1）班最喜欢的运动项目统计图

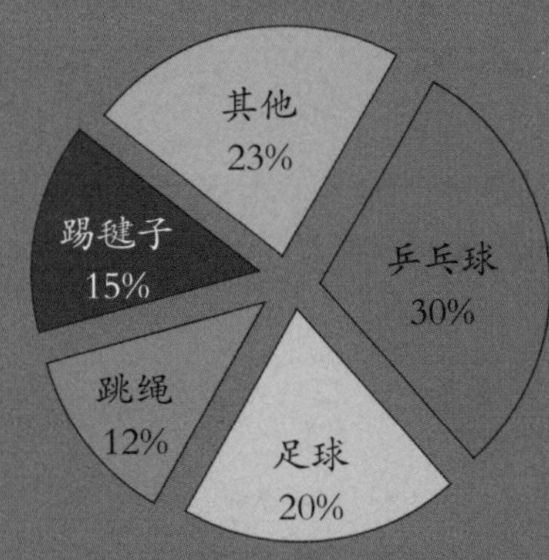

六（1）班最喜欢的运动项目统计图

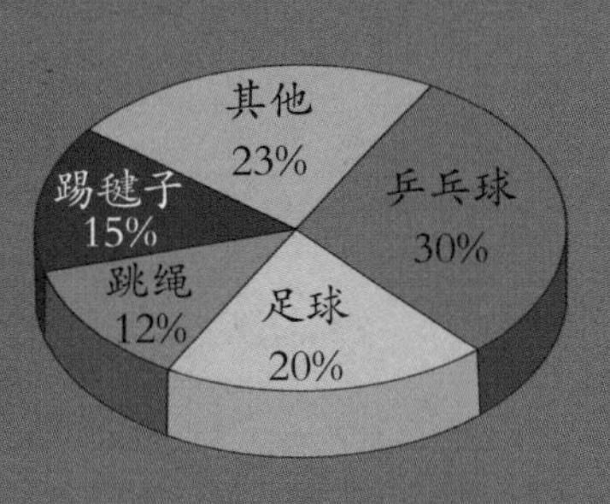

六（1）班最喜欢的运动项目统计图

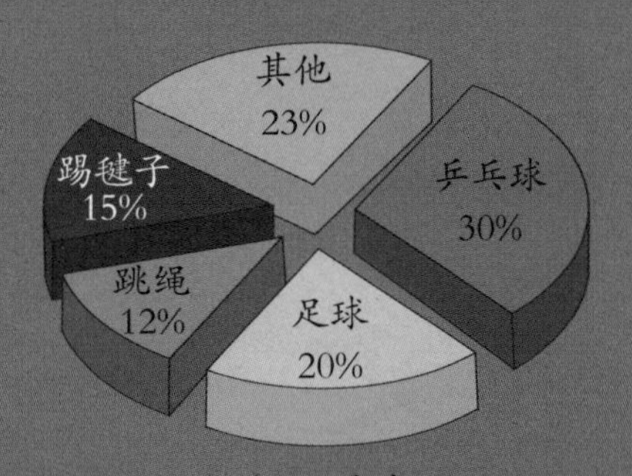

六（1）班最喜欢的运动项目统计图

数学小博士

高小斯和小伙伴们在查阅黄鹤楼的资料时遇到了百分数。

百分数也叫作百分率或百分比，通常不写成分数的形式，而采用百分号“%”来表示，如41%、80%等。百分数只表示两个数之间的关系，不是具体数量，所以百分数后不能加单位。

在自主探究、整理分析、合作交流的过程中，他们认识了扇形统计图，了解了它的特点，知道扇形统计图可以直观地反映各部分数量占总量的百分比，最后还掌握了扇形统计图的绘制方法。

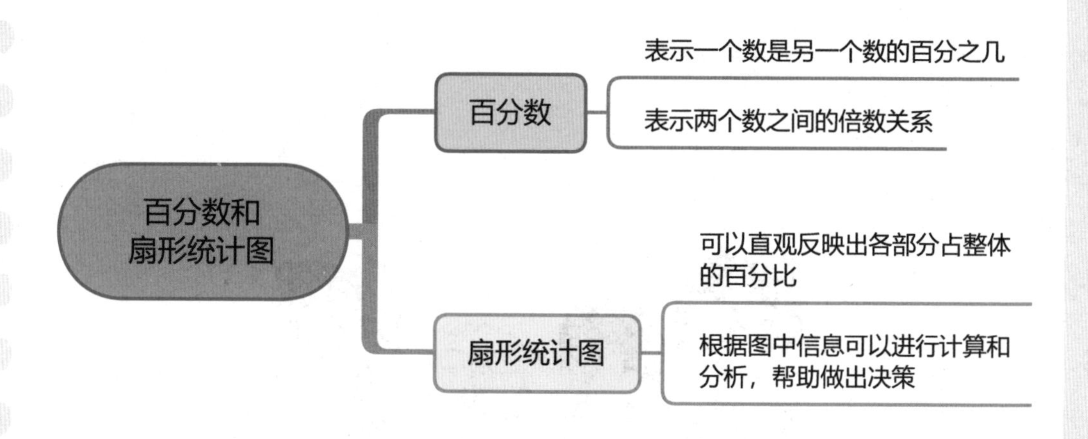

高小斯和他的小伙伴们想要在全国范围内找一找适合仙鹤生活的地方，于是他们上网查找了全国湿地分布情况。

2022 年度全国国土变更调查成果显示，全国共有湿地 2356.9 万公顷。其中，红树林地 2.9 万公顷，森林沼泽 220.7 万公顷，灌丛沼泽 75.4 万公顷，沼泽草地 1112.9 万公顷，沿海滩涂 149.6 万公顷，内陆滩涂 602.2 万公顷，沼泽地 193.3 万公顷。

请你根据以上数据，绘制 2022 年末全国湿地结构图。

相信聪明的你一定能完成扇形统计图的绘制，快来检验一下你画得对不对吧！

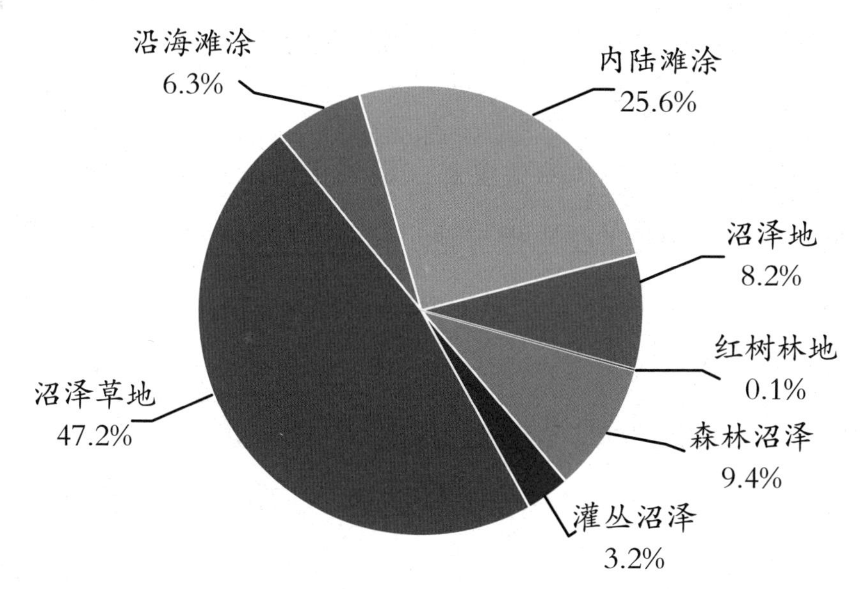

2022 年末全国湿地结构图

第九章

为岳阳楼作画

——百分数的应用

寻找完黄鹤楼的仙鹤，皓天迫不及待地想赶快去下一个古建筑看一看。那么下一站要去哪里呢？

高小斯想了想，向大家建议道："既然已经来到江南，不如去看看岳阳楼吧。湖南岳阳的岳阳楼与湖北武汉的黄鹤楼、江西南昌的滕王阁并称'江南三大名楼'。听说岳阳楼下瞰洞庭，前望君山，气势雄伟，自古有'洞庭天下水，岳阳天下楼'的美誉。这样，我们不仅能看到名楼，还能欣赏到'湖光秋月两相和'的洞庭湖美景。"

"那还等什么？"皓天兴奋地蹦起来，拉着小酷卡就往外走，"我们现在就出发吧！"

"岳阳楼，我们来啦！"小酷卡驾驶着飞船，带着大家在云层中穿梭，朝岳阳楼飞去。

"若夫淫雨霏霏，连月不开，阴风怒号，浊浪排空，日星隐曜，山岳潜形，商旅不行，樯倾楫摧，薄暮冥冥，虎啸猿啼……"高小斯坐在座位上嘴里念念有词。

"高小斯，你在说什么呢？"小雪好奇地问。

"我在想今天的洞庭湖是什么样的景象，要真是像《岳阳楼记》中写的那样接连几个月都不放晴，那就太让人郁闷了。"高小斯叹了口气。

皓天安慰高小斯道："《岳阳楼记》我也熟悉，里面不还写了'春和景明，波澜不惊，上下天光，一碧万顷'吗？那里不光有连日阴雨的时候，也有暖风和煦、阳光明媚的时候呀。"

没用太长时间，他们就到了洞庭湖。飞船在湖上盘旋了一阵儿后开始缓缓降落，岳阳楼主楼逐渐映入眼帘。

高小斯拿出平板电脑开始查询岳阳楼的资料：岳阳楼主楼高 19.42 米，宽 17.42 米，是三层、四柱、飞檐、盔顶、纯木结构。楼有三层，楼中有四根楠木的柱子直贯楼顶，是主要的承重柱，周围的廊、枋、椽、檩互相榫合，结为整体。飞檐都承托在斗拱上，这些斗拱结构复杂、工艺精美。楼顶是盔顶式的，形状像古代将军的头盔，岳阳楼是中国现存最大的盔顶建筑。飞檐与楼顶上都覆盖着橙黄色的琉璃瓦，在阳光下看上去金碧辉煌。作为江南三大名楼之一，岳阳楼是中国古建筑中的一个杰作。

"好壮观啊！"望着眼前的岳阳楼，小雪不由得感叹道。

"是啊。"小酷卡也感慨地说，"我们可得在这里多待一会儿，我要好好欣赏一下这样的美景。"

"我呢，要把这样的美景刻在脑海中。"皓天说。

"我帮你想了个好主意。"高小斯眼珠一转，对皓天说，"不如你把岳阳楼的样子画下来，这样就可以把它深深地'刻'在脑海中啦！"小雪和小酷卡都笑着表示赞同，说起来几个人中也就皓天比较擅长画画了。

皓天让小酷卡去飞船上拿一些绘画纸来，自己则盯着岳阳楼开始构思："为了尽可能准确地还原岳阳楼的样子，首先我们要找好实际楼层和绘画纸张之间的比例。”但皓天有一个小疑惑，“岳阳楼主楼高约19.42 米，那到底要缩小到什么程度呢？”他嘟囔着挠挠头。

没一会儿小酷卡就带着绘画纸回来了。皓天选了一张 8 开的绘画纸，宽 260 毫米，长 370 毫米，为了构图好看，他决定画一个高为 250 毫米的岳阳楼。

“如果高 250 毫米，也就是 0.25 米，那画中岳阳楼的高度比实际岳阳楼的高度缩小了百分之几呢？”小雪看皓天准备下笔，突然抬头问高小斯。

“关于这个问题，我们可以通过画图来表示实际高度和画中高度的关系。”说着高小斯拿出笔，在另一张纸上画了起来。

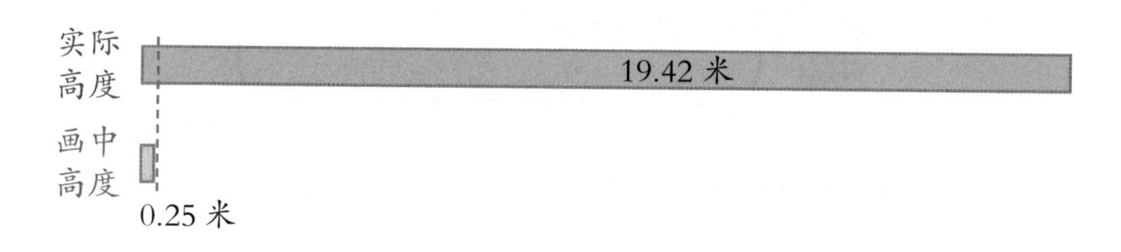

皓天看了一眼高小斯画的图，说：“我能算出实际高度和画中高度之间的倍数关系，算式是 19.42÷0.25=77.68，也就是说实际高度比画中高度放大了 77.68 倍。但小雪问的是画中的岳阳楼比实际的岳阳楼缩小了百分之几，这要怎么计算呀？”他有些不理解。

“求画中高度比实际高度缩小了百分之几，就是求缩小的高度占了实际高度的百分之几。我们用实际高度减去画中高度算出缩小的高度，再除以实际高度，最后将结果转化成百分数就可以啦。”高小斯一边给他讲解，一边在纸上写下算式。

（实际高度 - 画中高度）÷ 实际高度

=（19.42-0.25）÷ 19.42

≈ 0.9871

= 98.71%

“我还想到了一种算法！”小雪灵光一闪，也在纸上飞快写下算式。

1- 画中高度 ÷ 实际高度

=1-0.25 ÷ 19.42

≈ 0.9871

=98.71%

写完之后，小雪兴奋地解释道：“我们也可以先算画中高度是实际高度的百分之几，再用 100%，也就是 1，减去这部分就可以啦！两种

方法都可以算出画中的岳阳楼比实际的岳阳楼缩小了约 98.71%。”

“如果说画中的岳阳楼比实际的岳阳楼缩小了约 98.71%，那岂不是可以说实际的岳阳楼比画中的岳阳楼放大了约 98.71%? ”小酷卡若有所思地说道。

“可不是这样哦。”高小斯记得曾经见过这样的题型，这种说法并不成立。

“我们一起来算一算吧。求实际高度比画中高度扩大了百分之几，

就是求扩大的高度占了画中高度的百分之几。我们用扩大的高度除以画中的高度。”小雪非常乐于动笔尝试一下，于是又写了起来。

（实际高度 - 画中高度）÷ 画中高度

=（19.42−0.25）÷ 0.25

=7668%

“所以是扩大了 7668%？为什么会这样呢？”小酷卡很不理解。

“因为参照的东西不一样。”高小斯指着算式说，“实际高度和画中高度的差一定，算画中高度比实际高度缩小了百分之几**参照的是实际高度**，而算实际高度比画中高度放大了百分之几**参照的是画中高度**，**两种计算参照的对象不一样**，得出的百分数自然不一样喽。”

“听高小斯这么一说，我就明白啦！”小酷卡接受能力超强，很快就理解了高小斯的意思。

“高度要缩小 98.71%，宽度也要等比例缩小这么多吧？”小雪很快就意识到了这个问题，“宽缩小 98.71% 后，这张纸能不能画得下岳阳楼呀？”

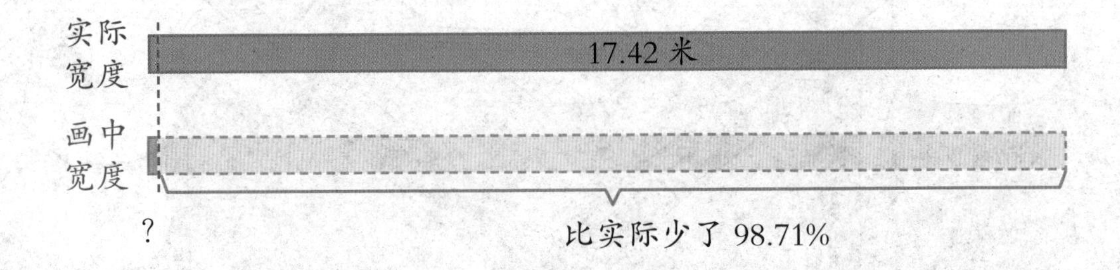

“我们也来计算一下吧。岳阳楼的实际宽度约是 17.42 米，已知画中宽度比实际宽度缩小了 98.71%，我们用实际宽度乘 98.71% 算出缩小了的部分，再用实际宽度减去这部分就可以了。”高小斯画完图，又耐心地给大家讲解。这回小酷卡拿起笔，飞快地写下了算式。

画中宽度 = 实际宽度 - 实际宽度 × 98.71%

=17.42-17.42×98.71%

≈0.22（米）

“8 开绘画纸的宽度是 260 毫米，也就是 0.26 米，所以画这样的一个岳阳楼完全没问题。”小雪拍着手肯定地说。

皓天抬手比了个“ok”的手势，按照大家的说法，迅速在纸上画了一张草图。

“你带水彩笔和颜料了吗？”高小斯扭头问小酷卡。

“出来得匆忙，颜料应该没带那么多……”小酷卡一边翻着刚才拿来的背包一边说，“看，只有这几个。”大家看过去，发现小酷卡手里只有红、黄、蓝三种颜色的颜料。

“这可怎么办？”小雪皱着眉头。

“没关系。”皓天自信地拍拍胸脯，“我只用红、黄、蓝这三种颜色的画笔，就可以给岳阳楼图上色啦。”

“怎么可能？”小雪感到十分不可思议，

“岳阳楼除了红色的门墙和廊柱外，还有橙色的楼顶和飞檐，这怎么上色呀？”

“红、黄、蓝是颜料三原色，有了这三种颜色，根据一定比例进行调配，就可以调出所有颜色。”皓天笑着解释。

“真有这么神奇吗？”小雪一脸不可置信。

“你们看。”皓天开始在调色板上调色。果然，经过皓天的调配，原本只有红、黄、蓝三种颜色的调色板上，又出现了橙色、紫色、绿色和黑色。

“同比”和“环比”

在各类经济学报告中，有两个出场频率非常高的术语“同比”和“环比”。

它们是反映增长速度最基础、最核心的数据指标。同比，是以上年同期为基期相比较，即本期某一时间段与上年同期某一时间段相比，可以理解为今年第n月与去年第n月的比较。

$$同比增长率=\frac{本期数-同期数}{同期数}\times 100\%$$

环比，是与上一个相邻统计周期相比较，表明统计指标逐期的发展变化，可以理解为第n月与第n-1月的比较。

$$环比增长率=\frac{本期数-上期数}{上期数}\times 100\%$$

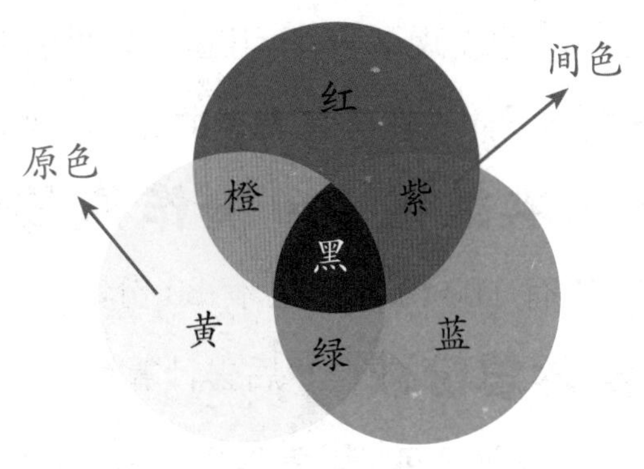

颜料三原色

“现在请小酷卡用平板电脑扫描一下岳阳楼的飞檐，帮我分析一下红、黄、蓝三种颜色到底各用了多少。”皓天对小酷卡说。

“稍等，马上就可以测算出来。”小酷卡拿起平板电脑，对着岳阳楼的飞檐开始进行扫描。

“数据出来了！”随着小酷卡的一声喊，大家都围到小酷卡身边，“右下角的 RYB 数值就代表**红、黄、蓝的比例**，其中红色为 71%，黄色为 100%，蓝色为 30%。”

“咦？好奇怪。”小雪发现了一个问题，“既然黄色是100%，就意味着应该所有都是黄色，怎么还会有71%的红色、30%的蓝色呢？”

“这说明，我们**不能以100份作为总份数**了。已知红色有71份，黄色有100份，蓝色有30份，所以我们**应该以71+100+30作为总份数**，然后去计算颜料中到底需要百分之几的红、黄、蓝。”高小斯看向平时爱画画的皓天，向他确认自己说得对不对。

“是这样的。”皓天点点头，“飞檐的橙色中，红、黄、蓝应该占所有颜料的……”他在之前计算的纸上又写下：

红：$71 \div (71+100+30) \approx 35.32\%$

黄：$100 \div (71+100+30) \approx 49.75\%$

蓝：$30 \div (71+100+30) \approx 14.93\%$

“这样我就可以知道大概要加入百分之几的红色、黄色和蓝色啦。”皓天写完算式，将计算纸拿给大家看。

“原来是这样！”小雪和小酷卡恍然大悟。

讲解结束，大家各自分工开始为“岳阳楼上色工程”出一份力。小酷卡负责扫描测算岳阳楼颜色的数据，高小斯和小雪负责帮皓天计算三原色的比例，皓天负责画画。一个上午的时间过去，一座壮观的岳阳楼便呈现在画纸上。

“我们共同完成了这幅画，简直可以说毫无遗憾了，岳阳楼是真的被‘刻’在我们脑海中啦！”高小斯和小伙伴们捧着画开心地笑起来，笑声逐渐随风飘远，散落在不远处波光粼粼的洞庭湖之上。

数学小博士

高小斯和小伙伴们在游览岳阳楼的过程中，学会了用百分数解决问题。要想知道画中岳阳楼的高度比实际岳阳楼的高度缩小了百分之几，也就是求一个数比另一个数少百分之几，这类问题首先需要确定单位“1”，再用少的部分除以单位1，最后转化成百分数。要想知道画中岳阳楼的宽度是多少，其实就是在求比一个数少百分之几的数是多少，这类问题可以先算出少的部分是多少，也可以先考虑这个数是单位“1”的几分之几。在解决和百分数有关的问题时，我们会发现分析数量关系是关键，学会画线段图来分析数量关系可以让我们事半功倍哦。

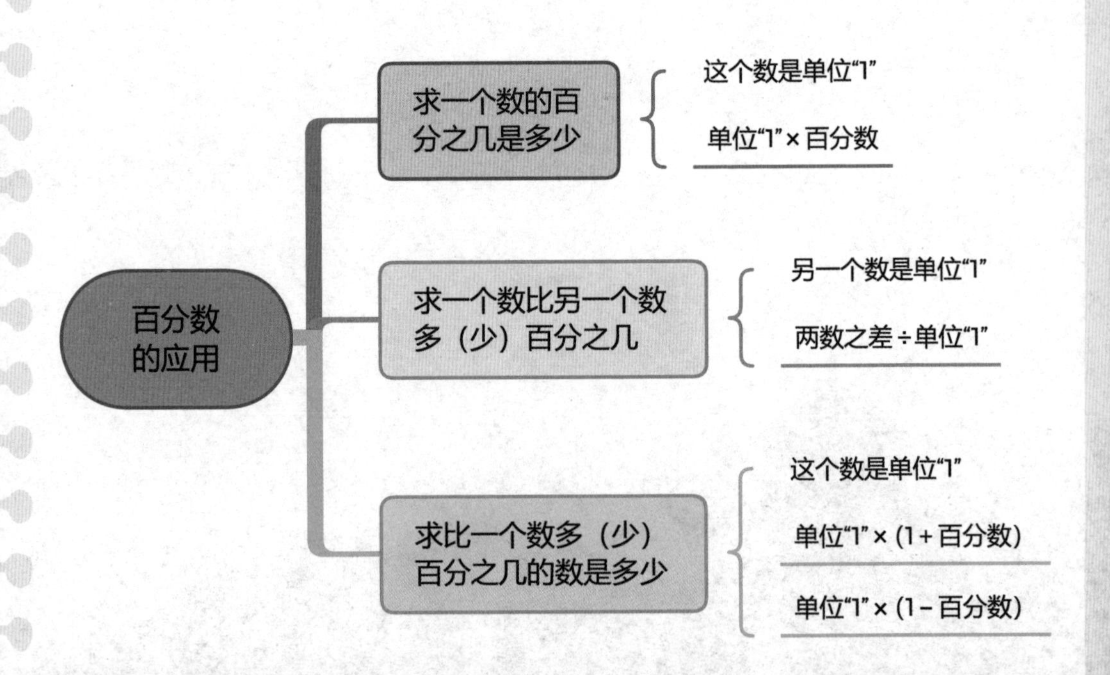

工人在维修工作中经常会遇到补色的情况，特别是修补木头材质的家具。木头的颜色有很多种，可以根据配色表去调配，例如：棕色＝中黄 25%＋紫红 12.5%＋铁红 50%＋黑 12.5%；紫棕色＝中黄 13.5%＋紫红 3%＋铁红 80%＋黑 3.5%。

现在，一个工人想要调配出 200 克的淡赭色颜料，根据配色表显示，淡赭色＝红 4.2%+ 白 80.8%+ 黄 14.7%+ 黑 0.3%，那么每种原色他需要取用多少克呢？

看了高小斯和小伙伴们的经历，相信上面的问题对你来说并不难，只需要用总克数乘各种原色的百分比即可。

红色：200×4.2%=8.4（克）

白色：200×80.8%=161.6（克）

黄色：200×14.7%=29.4（克）

黑色：200×0.3%=0.6（克）

你发现了吗？熟练地掌握了百分比后，生活中的很多难题都可以迎刃而解了。这就是数学的魅力！

第十章

无梁殿的秘密

——确定位置

为岳阳楼作的画被高小斯和小伙伴们郑重地收起来，然后他们用一下午的时间在岳阳楼里仔细参观了一番，对中国古代的建筑和数学的关系又有了更多的认识。回想这一路上，他们不仅复习了一些曾经学过的数学知识，还一起学到了不少新知识，就连一直害怕数学的皓天都说自己是半个专家了，看来他的收获是最大的。

趁着假期还有时间，高小斯和小伙伴们决定再去参观最后一个地方。中国还有那么多的古建筑，最后一站他们要去哪里呢？

高小斯最近正在看介绍建筑结构的图册，他翻翻手里的书，抬头建议道："咱们去看看无梁殿吧，书上说这种建筑非常神奇。"

小雪听到一个新鲜的词，好奇地问："无梁殿？是说整个殿都没有梁吗？"

"那肯定是了，'顾名思义'嘛。"皓天摇头晃脑地接完话，又望向高小斯问道，"不过我见过的古建筑大多是有木头梁的，无梁殿还是头一次听说，它在哪儿呀？"

小酷卡一搜索，发现无梁殿并不是一个地方，而是一种特殊的建筑形式。中国有好多个无梁殿呢，其中比较有代表性的有南京灵谷寺无梁殿、苏州开元寺无梁殿、山西五台山显通寺无梁殿等。

高小斯探头看了看地图，指着屏幕建议道："既然这些无梁殿都很值得考察，不如咱们就选一个最近的去吧。"小伙伴们都很赞同，很快大家就在"梦想号"飞船里集合完毕，整装待发。

"要找到最近的无梁殿，得靠它了。"小酷卡打开飞船上的智能屏搜索起来，很快就搜到了南京灵谷寺无梁殿。

看到搜索出的图像，高小斯突然抛给皓天一个问题："看这张缩略图，你能说出南京灵谷寺的位置吗？"

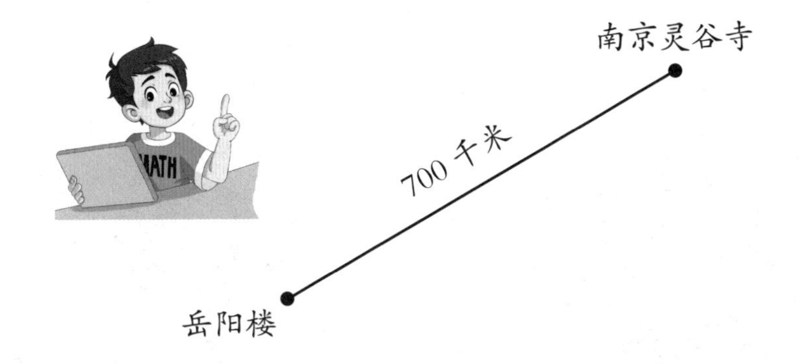

"这还不简单！别急，等我先做个标记再说。上北下南，左西右东……"皓天念念叨叨地伸手在屏幕上画出一个十字方向标，然后歪头想了想，才慢吞吞地说："南京灵谷寺在这里东北方向 700 千米处。"

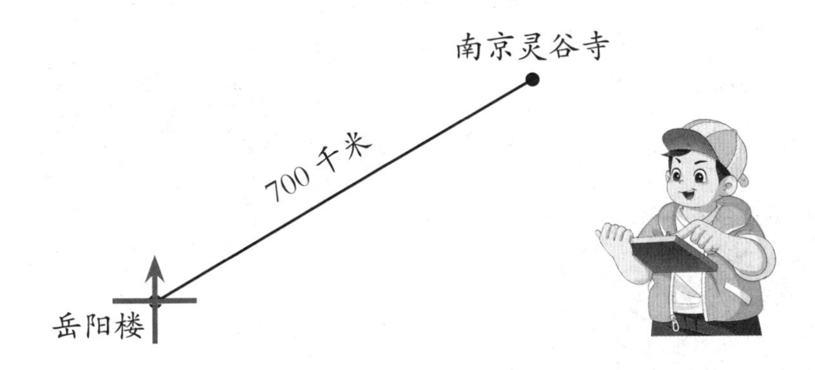

高小斯看着他思考问题的样子有点儿想笑："嘿，请出这个**万能的方向标**啦。"

"当然了，这可是我的独门秘诀！有了这个方向标，判断方向就容易多了。"皓天看回答对了，说话声音都大了起来。

"但是东北方向距离这里 700 千米的地方可多了，你看图中阴影的这片区域都是东北方向，这条弧线上都是 700 千米处。我们要怎么设定航向呢？"高小斯边说边在屏幕上比画着。

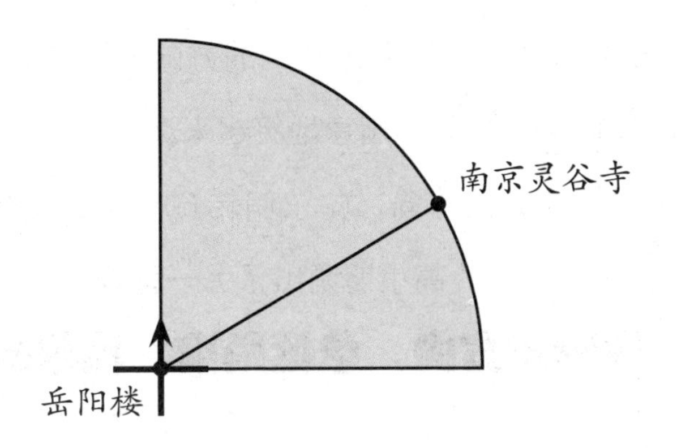

“这、这……我再想想……”皓天一下愣住了，接着又陷入沉思。

“加上角度就行了。”小雪快人快语，马上提醒他。

“我知道了！我测量一下角度，**加上角度**就能准确描述位置了。”皓天边说边调出量角器工具，“差不多是 30°。所以，南京灵谷寺在岳阳楼东北 30° 的方向上距离 700 千米处。这样说可以了吧？”

“东北 30° 的方向？我有点儿不明白。你看，这两条线都可以是 30° 的方向，哪条才是呢？”小雪说着伸手在图上添了两条射线。

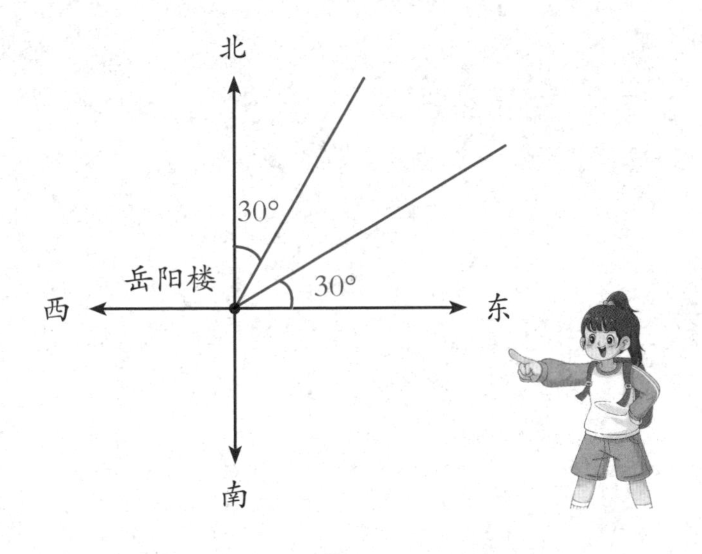

“还真是这样，东北 30° 的方向这个说法不准确，东北可能是东偏北，也可能是北偏东。我选以东为起始方向，向北偏转 30°。所以应该说，南京灵谷寺在岳阳楼东偏北 30° 的方向上距离 700 千米处。这样说就准确啦！”皓天一拍手，满意地笑起来。

“也可以是以北为起始方向，向东偏转 60°，也就是北偏东 60° 的方向上距离 700 千米处。”高小斯说出了另一种表述方式，又总结道，“所以，我们要**先确定方向，包括角度，再根据距离确定位置**。”

小酷卡见讨论得差不多了，提醒他们：“大家快坐好，我们马上就启程，去南京灵谷寺看看无梁殿。”

几个小伙伴连忙回到座位上，系好安全带。没过一会儿，飞船就带着他们来到了南京灵谷寺。

来到无梁殿前，他们看见大殿有三个拱形的门，两个拱形的窗，

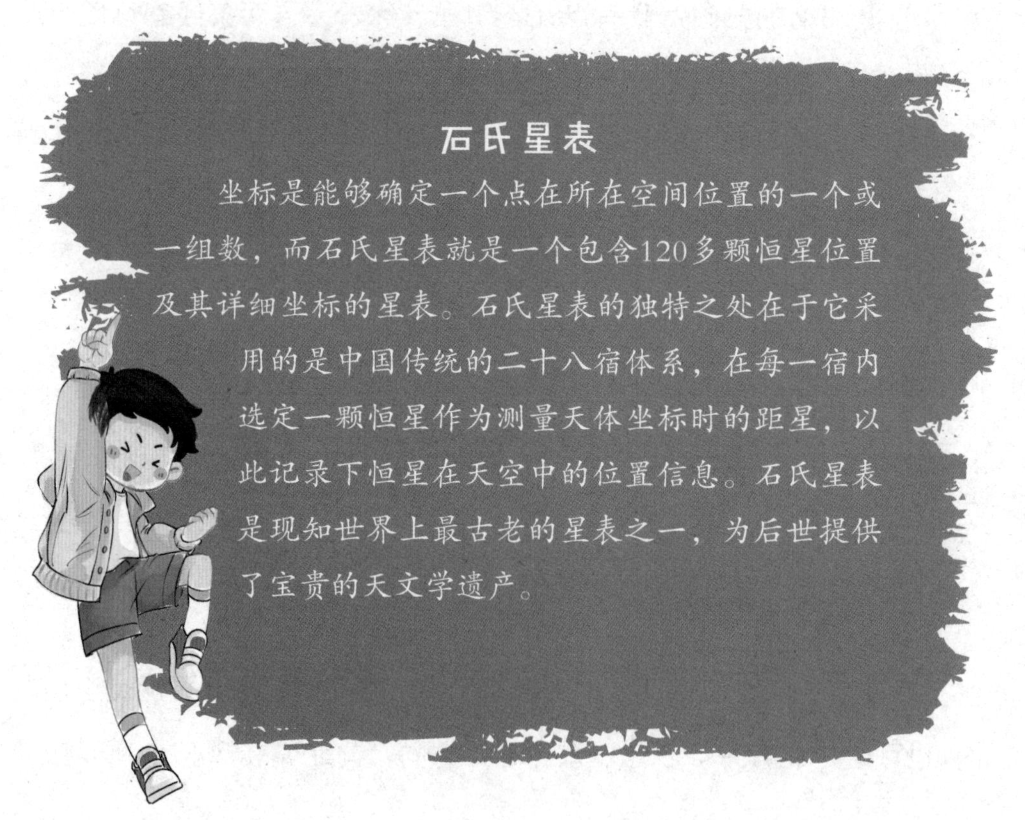

石氏星表

坐标是能够确定一个点在所在空间位置的一个或一组数，而石氏星表就是一个包含120多颗恒星位置及其详细坐标的星表。石氏星表的独特之处在于它采用的是中国传统的二十八宿体系，在每一宿内选定一颗恒星作为测量天体坐标时的距星，以此记录下恒星在天空中的位置信息。石氏星表是现知世界上最古老的星表之一，为后世提供了宝贵的天文学遗产。

大殿坐北朝南，东西长 50 多米，南北宽约 40 米，整体规模很大。

走到无梁殿门前时，小雪抬头看见屋檐底下的斗拱，不禁疑惑起来：这无梁殿不是没有梁吗，怎么会有斗拱呢？她盯着斗拱仔细看了看，忽然惊讶地说："大家快看上面这些斗拱！"

听了小雪的话，大家都凑过去抬头看，发现这些斗拱竟然都是用砖石雕刻而成的。

通过搜索资料，大家才知道灵谷寺无梁殿是中国历史最悠久、规模最大的砖砌拱券结构的殿宇，整座建筑都是用砖垒砌的，没有木梁，因此被称作"无梁殿"。看了介绍，几个小伙伴不禁啧啧称奇。

走进无梁殿中，他们抬头望去，殿里确实没有一根梁，而是整体用砖砌成的拱券结构，到处都能看到顶部是圆弧形的拱门。这种结构使空间显得更大、更深，给人一种奇妙的视觉感受。

看了无梁殿的内在结构，皓天、小雪和小酷卡其实都很好奇，这么重的屋顶为什么没有梁也可以支撑住呢？于是他们三个不约而同地把目光转向了学问最多的高小斯。

高小斯看着拱门的形状，忽然想到了赵州桥。"你们都知道赵州桥吧，赵州桥也采用了这种结构。"经他一提醒，三个小伙伴马上想起来了，小酷卡迅速搜索出一张赵州桥的图。

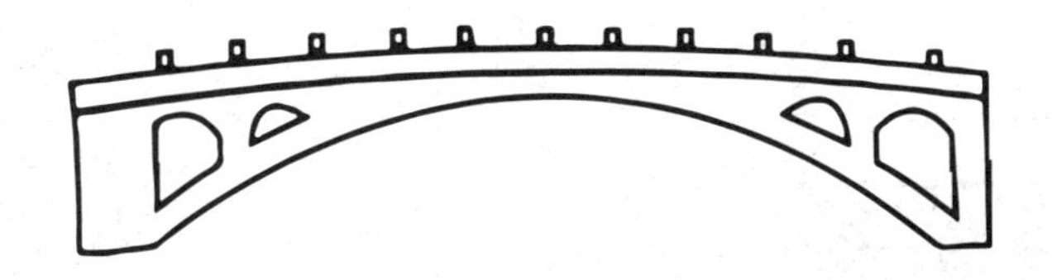

对着图，高小斯向小伙伴们讲解道："采用这种拱券结构的古建筑有很多，其实就是利用拱形这种形状，把本来竖向的力，分解为横向

两边的压力了，两端再建得更宽厚一些，就能受住这些压力。这样的结构可以承重更多，更坚固。”

高小斯这么一说，小伙伴们都明白了，没有大梁，长 50 多米、宽约 40 米的大殿就是靠着拱券结构，把沉重的屋顶支撑起来的。看来建筑中不但有数学知识，还有物理上的学问呢！

走出无梁殿，也到了大家分别的时候。假期已经“余额不足”，小雪该回家了，于是小伙伴们决定先送小雪回家。

小酷卡打开了“梦想号”飞船的智能屏，一边搜索小雪家所在的龙岩市，一边问小伙伴们：“再考考你们。我们现在在南京灵谷寺，那小雪家附近的永定土楼在它的哪个方向呢？”

小雪微笑着接过话茬儿："从地图上看，永定土楼在南京灵谷寺的南边，要知道**更具体的位置**可得用上**角度和距离**啦。"

动手达人皓天有了刚才的经验，可谓自信满满，他二话不说打开平板电脑，手指在屏幕上飞快地滑动，先以南京灵谷寺为观测点建立方向标，再量出角度，最后搜索出两地的距离数据，并按比例缩小……随着皓天的一系列动作，图逐渐成形。随后，他抬起头微笑着对小酷卡说："永定土楼在南京灵谷寺南偏西 11° 的方向上，距离我们约 1000 千米。看，我连图都画好了。"

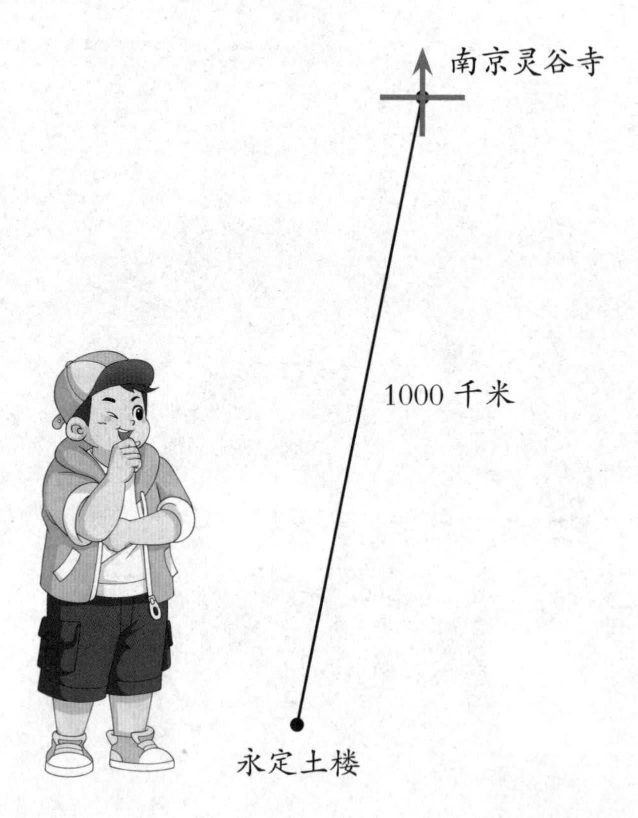

小酷卡核对了飞船智能屏上的数据，笑着点点头，给皓天比了个"赞"的手势。接着他输入驾驶命令，飞船随时可以起飞了。小酷卡满意地笑了笑，说："好了，飞船已经锁定了永定土楼的位置，我们现在就出发吧。”于是，大家向窗外的南京灵谷寺挥了挥手。飞船升空，一路向南行驶。

到了小雪家后，高小斯、皓天和小酷卡先给小雪的爷爷送上了自己带来的礼物，再依依不舍地与小雪和爷爷告别。飞船又载着他们往家的方向飞去。

在这段旅程中，高小斯和小伙伴们不仅收获了美好的回忆，还积累了许多有用的知识。他们学会了如何与他人合作解决问题，学会了如何在困难面前保持勇气和信心。这些经历将成为他们人生中宝贵的财富，激励着他们不断前行。

数学小博士

在准备从岳阳楼前往南京灵谷寺无梁殿时，高小斯和小伙伴们学会了如何用方向（角度）和距离确定位置。

确定位置时，在已知原点的基础上，只考虑方向这个要素，确定出来的是很大一个面；只考虑距离这个要素，确定出来的位置都在一个圆上；考虑方向加角度两个要素，确定出来的是一条射线。射线和圆相交的点才是最终的正确位置，所以，方向、距离和角度这三个要素共同作用，才能准确地描述出位置。

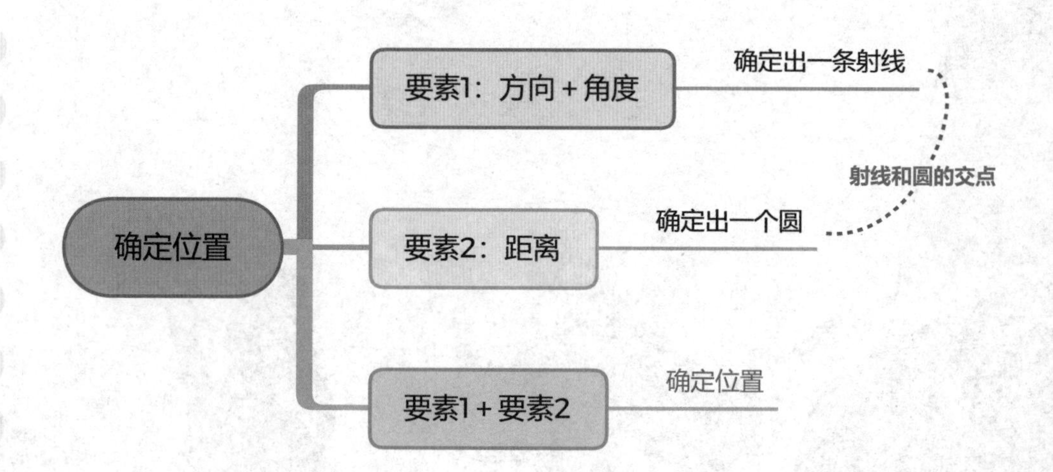

回程的途中，高小斯又给兴致勃勃的皓天出了一道难题:“如果宁波在南京东偏南 40° 方向上的 400 千米处，那么南京在宁波的什么位置？”

皓天想都没想，直接说:“这还不简单，反过去，南京在宁波西偏北 40° 方向上的 400 千米处呗。”

你觉得皓天答得对吗?

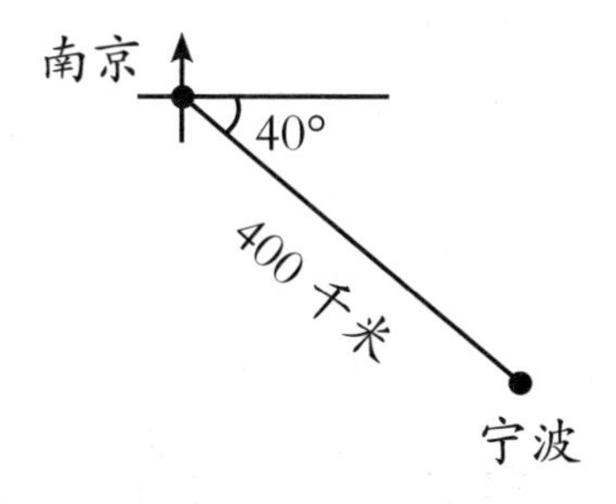

我们把方向标放在宁波的位置，可以看出，皓天的答案是对的。南京在宁波西偏北 40° 方向上的 400 千米处。

当然这个问题还有另一个答案。如果以北为起始方向，南京的位置就在北偏西方向了，而北偏西的角度别忘了要用 90°

减 40°，得出 50°。所以也可以说，南京在宁波北偏西 50° 方向上的 400 千米处。

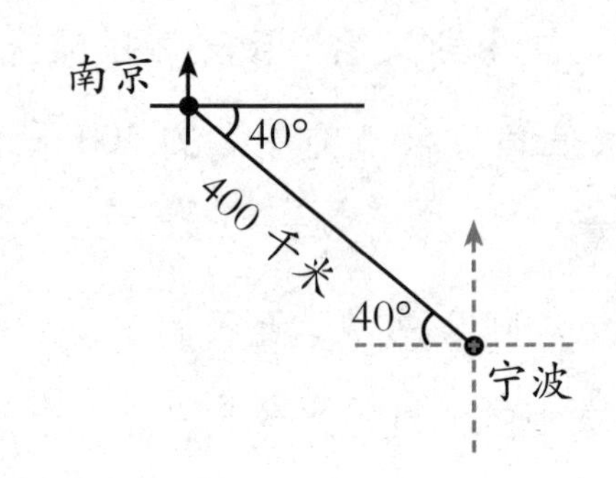

尾声

一场精彩绝伦的古建筑之旅就这样结束了，高小斯和小伙伴们一共探访了祖国大地上具有代表性的九处古建筑。大家坐在一起回顾和总结最近的经历，都觉得收获满满。

福建土楼拉开了这场旅程的帷幕，大家对圆、圆的周长、圆的面积有了新的认识。天一阁门前，高小斯妈妈的饮料让大家领略了

假设策略的作用。来到首都北京，在故宫，大家边解密边认识了比；在北海，大家边计算边掌握了分数乘法；在天坛，大家边寻找边学会了分数除法。西安古城墙上，大家用分数混合运算计量着历史的厚度。从黄鹤楼到百分数和扇形统计图，从岳阳楼到百分数的应用，从无梁殿到确定位置的方法，大家在建筑艺术和数学知识的海洋里畅游。

高小斯真是太喜欢这样的旅行了，不仅可以参观那些令人叹为观止的古代建筑，而且可以在旅途中学习到更多的知识。皓天、小雪和小酷卡当然也收获颇丰，既结交了新伙伴，又学到了新知识，还开阔了眼界。看来，大家都受益匪浅呀！

暑假结束前，他们四个人约定，将来只要有机会，还会继续安排各种有趣的旅程，继续探索未知的世界，继续学习数学知识。

让我们也一起期待吧！